audepublishing.com

Unang paperback edition Setyembre 2021.

I-print ang ISBN 9798486794483

Panimula

Bitcoin: Sumagot ay isang pagtatangka sa disentangling ang fragmented web ng impormasyon sa paligid ng Bitcoin na natanggap ng pangkalahatang publiko. Anuman ang personal na saloobin sa cryptocurrencies at Bitcoin (karamihan sa mga ito, para sa mga hindi pinag aaralan, ay alinman sa labis na optimistiko o labis na mapagkunwari), ang pag abot ng cryptocurrency ay lumalaki sa ganoong rate, at na install sa pinansiyal na ecosystem sa naturang rate, na walang t pag unawa sa kasaysayan ng baseline, konsepto, at pagiging posible ng Bitcoin ay mas nakakapinsala na hindi. Sana ay kaakit-akit ang impormasyong ito; Ang Bitcoin ay ang una sa isang ganap na bagong paraan ng pag iisip tungkol sa pera at transacting value. Sa katapusan, mauunawaan mo ang saklaw ng Bitcoin, digital na pera, at blockchain; Marami sa mga sistemang ito, tulad ng dapat na nabanggit, ay maihahambing lamang sa pinakamaluwag na pandama, at ang mga potensyal at naaangkop na mga kaso ng paggamit ng naturang teknolohiya ay medyo kamangha manghang, lalo na ibinigay na ang ecosystem ng Fiat pera ay nagbago ng kaunti mula noong pag alis ng mga pera mula sa pamantayan ng ginto isang kalahating siglo na ang nakalilipas. Ang isipin ang lahat ng cryptocurrencies bilang Bitcoin at ang Bitcoin bilang isang fringe bubble ay mali; Oo, ang Bitcoin ay malayo sa perpekto, ngunit may napakaraming higit pa sa kung ano ang, mahalagang, ang digitalization at desentralisasyon ng halaga. Ang aklat na ito tackles ang lahat ng mga konsepto na ito at higit pa sa pamamagitan ng isang simple, batay sa tanong na format, na nagsisimula sa "ano ang Bitcoin " Huwag mag-atubiling mag-skim ayon sa iyong kaalaman, o magbasa ng takip-sa-takip; alinman sa mga paraan, ang aking pag asa at ang pag asa ng aking koponan ay na iwanan mo ang aklat na ito na may isang pag unawa sa Bitcoin mula sa isang damdamin, teknikal, makasaysayang, at konseptwal na paninindigan, pati na rin sa tabi ng isang patuloy na interes at pagnanais na matuto nang higit pa. Ang karagdagang mga sanggunian ay matatagpuan sa likod ng aklat.

Ngayon, pasulong na tayo sa pagtahak, sa marangal na paghahangad ng kaalaman.
Tangkilikin ang aklat.

Ano nga ba ang bitcoin

Bitcoin ay maraming mga bagay: isang bukas na mapagkukunan, peer to peer global computer network, isang koleksyon ng mga protocol, isang digital na ginto, ang forefront ng isang bagong bucket ng teknolohiya, isang cryptocurrency. Sa pisikal; Bitcoin ay 13,000 mga computer na nagpapatakbo ng iba't ibang mga protocol at algorithm. Sa konsepto, ang Bitcoin ay isang pandaigdigang paraan ng madali at ligtas na transaksyon; isang democratizing force, at isang paraan ng parehong transparent at hindi nagpapakilalang pananalapi. Sa tulay sa pagitan ng pisikal at konseptwal, ang Bitcoin ay isang cryptocurrency; isang paraan at tindahan ng halaga na umiiral purong online, nang walang anumang pisikal na anyo. Gayunman, ang lahat ng ito ay tulad ng pagtatanong ng "ano ang pera?" at pagtugon sa "mga piraso ng papel." Ang isa na hindi pamilyar sa Bitcoin na nagbabasa ng talata sa itaas ay halos tiyak na darating ang layo na may higit pang mga katanungan kaysa sa mga sagot; para sa kadahilanang ito, ang tanong ng "ano ang Bitcoin?" ay, sa kakanyahan, ang tanong ng aklat na ito, at sa pamamagitan ng isang pagsusuri ng bawat bahagi, maaari mong sana dumating sa isang pag unawa sa kabuuan.

Sino po ba ang nagsimula ng bitcoin

Si Satoshi Nakamoto ay ang indibidwal, o posibleng ang grupo ng mga indibidwal, na lumikha ng Bitcoin. Hindi gaanong ay kilala tungkol sa mahiwagang figure na ito, at ang kanyang hindi nagpapakilala ay spawned hindi mabilang na mga teorya ng pagsasabwatan. Habang nakalista si Nakamoto bilang isang 45 taong gulang na lalaki mula sa Japan sa isang opisyal na website ng mga pundasyon ng peer to peer, gumagamit siya ng mga idyoma ng British sa kanyang mga email. Dagdag pa, ang mga timestamp ng kanyang trabaho ay mas mahusay na nakahanay sa isang tao na nakabase sa US o UK. Karamihan ay naniniwala na ang kanyang pagkawala ay binalak (marami ang nagkonekta sa kanyang trabaho sa mga reperensya sa Bibliya) at ang iba ay naniniwala na ang isang organisasyon ng pamahalaan, tulad ng CIA, ay nakaugnay sa kanyang pagkawala. Ang mga ito ay walang iba kundi mga teorya ng fringe; gayunpaman, kung ano ang nananatiling isang katotohanan ay na ang tagalikha ng Bitcoin kasalukuyang may hawak ng isang kapalaran na nagkakahalaga ng higit sa $ 70 bilyon (katumbas ng 1.1 milyong bitcoins) at kung bitcoin napupunta up ng isa pang ilang daang porsyento, ito anonymous bilyonaryo, ang ama ng cryptocurrency, ay ang pinakamayamang tao sa mundo.

Bitcoin Genesis Block
Raw Hex Version

```
00000000  01 00 00 00 00 00 00 00  00 00 00 00 00 00 00 00   ................
00000010  00 00 00 00 00 00 00 00  00 00 00 00 00 00 00 00   ................
00000020  00 00 00 00 3B A3 ED FD  7A 7B 12 B2 7A C7 2C 3E   ....;£íý z{.²zÇ,>
00000030  67 76 8F 61 7F C8 1B C3  88 8A 51 32 3A 9F B8 AA   gv.a.È.Ã SQ2:Ÿ¸ª
00000040  4B 1E 5E 4A 29 AB 5F 49  FF FF 00 1D 1D AC 2B 7C   K.^J)«_Iÿÿ...¬+|
00000050  01 01 00 00 00 01 00 00  00 00 00 00 00 00 00 00   ................
00000060  00 00 00 00 00 00 00 00  00 00 00 00 00 00 00 00   ................
00000070  00 00 00 00 00 00 FF FF  FF FF 4D 04 FF FF 00 1D   ......ÿÿÿÿM.ÿÿ..
00000080  01 04 45 54 68 65 20 54  69 6D 65 73 20 30 33 2F   ..EThe Times 03/
00000090  4A 61 6E 2F 32 30 30 39  20 43 68 61 6E 63 65 6C   Jan/2009 Chancel
000000A0  6C 6F 72 20 6F 6E 20 62  72 69 6E 6B 20 6F 66 20   lor on brink of
000000B0  73 65 63 6F 6E 64 20 62  61 69 6C 6F 75 74 20 66   second bailout f
000000C0  6F 72 20 62 61 6E 6B 73  FF FF FF FF 01 00 F2 05   or banksÿÿÿÿ..ò.
000000D0  2A 01 00 00 00 43 41 04  67 8A FD B0 FE 55 48 27   *....CA.gŠý°þUH'
000000E0  19 67 F1 A6 71 30 B7 10  5C D6 A8 28 E0 39 09 A6   .gñ¦q0·.\Ö¨(à9.¦
000000F0  79 62 E0 EA 1F 61 DE B6  49 F6 BC 3F 4C EF 38 C4   ybàê.aÞ¶Iö¼?Lï8Ä
00000100  F3 55 04 E5 1E C1 12 DE  5C 38 4D F7 BA 0B 8D 57   óU.å.Á.Þ\8M÷º..W
00000110  8A 4C 70 2B 6B F1 1D 5F  AC 00 00 00 00            ŠLp+kñ._¬....
```

Ang itaas na visual ay kumakatawan sa genesis (ibig sabihin "unang") bloke ng Bitcoin. Ang (mga) tagapagtatag ng Bitcoin, Satoshi Nakamoto, input ng isang mensahe sa code na nagbabasa tulad ng sumusunod: "Ang Times 03 / Jan / 2009 Chancellor sa bingit ng pangalawang bailout para sa mga bangko."

Sino ba ang may ari ng bitcoin

Ang ideya na ang Bitcoin ay "nagmamay ari" ay tama sa lamang ang pinaka ipinamamahagi kahulugan. Tungkol sa 20 milyong mga tao kolektibong nagmamay ari ng lahat ng bitcoin sa mundo, ngunit Bitcoin mismo, bilang isang network, ay hindi maaaring pag aari .[2]

---

[2] Technically, 20.5m milyong tao sa buong mundo hold ng hindi bababa sa $ 1 sa Bitcoin.

Ano po ba ang history ng bitcoin

Ito ay isang maikling kasaysayan ng cryptocurrency, blockchain, at Bitcoin.

- Sa 1991, ang isang cryptographically secured chain ng mga bloke ay conceptualized sa unang pagkakataon.

- Makalipas ang halos isang dekada, noong 2000, inilathala ni Stegan Knost ang kanyang teorya sa cryptography secured chain, pati na rin ang mga ideya para sa praktikal na pagpapatupad.

- 8 taon pagkatapos nito, inilabas ni Satoshi Nakamoto ang isang puting papel (ang isang puting papel ay isang masusing ulat at gabay) na nagtatag ng isang modelo para sa isang blockchain, at noong 2009 ipinatupad ni Nakamoto ang unang blockchain, na ginamit bilang pampublikong ledger para sa mga transaksyon na ginawa gamit ang cryptocurrency na kanyang binuo, na tinatawag na Bitcoin.

- Sa wakas, sa 2014, ang mga kaso ng paggamit (ang mga kaso ng paggamit ay mga tiyak na sitwasyon kung saan ang isang produkto o serbisyo ay maaaring potensyal na magamit) para sa blockchain at blockchain network ay binuo sa labas ng cryptocurrency, samakatuwid ay binubuksan ang mga posibilidad ng Bitcoin sa mas malawak na mundo.

Ilan po ba ang bitcoins

Ang Bitcoin ay may maximum na supply ng 21 milyong barya. Bilang ng 2021, mayroong 18.7 milyong Bitcoins sa sirkulasyon, ibig sabihin na may mga lamang 2.3 milyon na natitira upang ilagay sa sirkulasyon. Sa bilang na iyon, 900 bagong Bitcoin ay idinagdag sa circulating supply bawat araw sa pamamagitan ng mga gantimpala sa pagmimina.[3] Ang mga gantimpala sa pagmimina ay ang mga gantimpala na ibinibigay sa mga computer na malutas ang mga kumplikadong equation upang maproseso at mapatunayan ang mga transaksyon sa Bitcoin. Ang mga taong nagpapatakbo ng mga computer na ito ay tinatawag na "mga minero." Kahit sino ay maaaring magsimula ng pagmimina ng Bitcoin; kahit isang pangunahing PC ay maaaring maging isang node, na kung saan ay isang computer sa network, at simulan ang pagmimina.

---

[3] "Gaano karaming mga Bitcoins Ay Mayroon? Ilan pa ang naiwan sa akin? (2021)." https://www.buybitcoinworldwide.com/how-many-bitcoins-are-there/.

Paano po ba gumagana ang bitcoin

Ang Bitcoin, at halos lahat ng cryptocurrencies, ay nagpapatakbo sa pamamagitan ng teknolohiya ng Blockchain.

Blockchain, sa kanyang pinaka pangunahing form, ay maaaring naisip ng bilang pag iimbak ng data sa literal na kadena ng mga bloke. Maglakad tayo sa kung paano eksaktong mga bloke at kadena dumating sa play.

- Ang bawat bloke ay mag iimbak ng digital na impormasyon, tulad ng oras, petsa, halaga, atbp ng mga transaksyon.

- Malalaman ng block kung aling mga partido ang lumahok sa isang transaksyon sa pamamagitan ng paggamit ng iyong "digital key," na isang string ng mga numero at titik na natanggap mo kapag binuksan mo ang isang wallet, na humahawak sa iyong crypto.

- Gayunpaman, ang mga bloke ay hindi maaaring gumana nang mag isa. Ang mga bloke ay nangangailangan ng pag verify mula sa iba pang mga computer, aka "nodes" sa network.

- Ang iba pang mga node ay magpapatunay sa impormasyon ng isang bloke. Kapag na validate nila ang data, at kung mukhang maganda ang lahat, ang block at ang data na dala nito ay maiimbak sa public ledger.

- Ang pampublikong ledger ay isang database na nagtatala ng bawat solong inaprubahan na transaksyon na kailanman ginawa sa network. Karamihan sa mga cryptocurrencies, kabilang ang Bitcoin, ay may sariling pampublikong ledger.

- Ang bawat bloke sa ledger ay naka link sa bloke na dumating bago ito at ang bloke na dumating pagkatapos nito. Dahil dito, ang mga link na bumubuo ng mga bloke ay lumilikha ng isang pattern na parang kadena. Dahil dito, nabuo ang isang blockchain.

Buod: Ang **bloke** ay kumakatawan sa digital na impormasyon, at ang **kadena** ay kumakatawan sa kung paano ang data na iyon ay naka imbak sa database.

Kaya, upang i recap ang aming naunang kahulugan, blockchain ay isang bagong uri ng database. Sa ibaba ay isang visualized breakdown ng bawat bloke sa network.

4

---

4 Matthäus Wander / CC BY-SA 3.0

Ano po ba ang bitcoin address

Ang isang address, na kilala rin bilang isang pampublikong susi, ay isang natatanging koleksyon ng mga numero at titik na gumagana bilang isang code ng pagkakakilanlan, na maihahambing sa isang numero ng account sa bangko o isang email address (halimbawa: 1BvBESEystWetqTFn3Au6u4FGg7xJaAQN5). Gamit ito, maaari kang magsagawa ng mga transaksyon sa blockchain. Ang mga address ay kumokonekta sa isang base blockchain; halimbawa, ang isang bitcoin address ay namamalagi sa bitcoin network at blockchain. Ang mga address ay may bilog, makulay na "logo" na tinatawag na address identicons (o, simple, "mga icon"). Pinapayagan ka ng mga icon na ito na mabilis na makita kung o hindi ka nag input ng isang tamang address. Sa bawat oras na magpadala ka o tumanggap ng cryptocurrency, gagamit ka ng isang kaugnay na address. Gayunman, ang mga address ay hindi maaaring mag-imbak ng mga ari-arian; nagsisilbi lamang silang mga identifier na tumuturo sa mga pitaka.

Bitcoin Address

 SHARE

1DpQP4yKSGWXWrXNkm1YNYBTqEweuQcyYg

SECRET **Private Key**

L4NhQX1DFJpFAJJYAHKkpukerqxtjF1XhvR5J2PQcnDparA2vD9M[5]

---

[5] bitaddress.org

Ano po ba ang bitcoin node

Ang node ay isang computer na konektado sa network ng isang blockchain, na tumutulong sa blockchain sa pagsulat at pagpapatunay ng mga bloke. Ang ilang node ay nag-download ng buong kasaysayan ng kanilang blockchain; Ang mga ito ay tinatawag na masternodes at gumaganap ng mas maraming mga gawain kaysa sa mga regular na node. Bukod pa rito, ang mga node ay hindi nakatali sa isang partikular na network; nodes ay maaaring lumipat sa iba't ibang blockchains praktikal na sa kalooban, tulad ng kaso sa multipool mining. Sama sama, ang buong ipinamamahagi likas na katangian ng Bitcoin at cryptocurrencies, pati na rin ang marami sa mga pinagbabatayan blockchain at mga tampok ng seguridad, ay pinagana sa pamamagitan ng konsepto at paggamit ng isang pandaigdigang, node based na sistema.

Ano po ang support at resistance sa bitcoin

Dito, kami ay sumisid sa teknikal na pagsusuri at ang kalakalan ng Bitcoin: ang suporta ay ang presyo ng isang barya o token kung saan ang asset na iyon ay mas malamang na mahulog sa pamamagitan ng dahil maraming mga tao ang handang bumili ng asset sa presyong iyon. Kadalasan, kung ang isang barya ay tumama sa mga antas ng suporta, ito ay magbabaliktad sa isang uptrend. Ito ay karaniwang isang magandang oras upang bilhin ang barya, bagaman kung ang presyo ay bumaba sa ilalim ng antas ng suporta, ang barya ay malamang na mahulog pa pababa sa isa pang antas ng suporta. Ang paglaban, sa kabilang banda, ay isang presyo na ang isang asset ay nahihirapang masira dahil maraming mga tao ang natagpuan na ang isang mahusay na presyo upang ibenta sa. Minsan, ang mga antas ng paglaban ay maaaring maging physiological. Halimbawa, Bitcoin ay maaaring pindutin ang paglaban sa $ 50,000, dahil maraming mga tao ay iniisip "kapag bitcoin hits $50,000, ibebenta ko." Kadalasan, kapag ang isang antas ng paglaban ay nasira sa pamamagitan ng, ang presyo ay maaaring mabilis na umakyat. Halimbawa, kung ang bitcoin ay lumabag sa nakalipas na $50,000, ang presyo ay maaaring mabilis na umakyat sa $55,000, sa oras na ito ay maaaring harapin ang higit pang paglaban, at $50,000 ay maaaring pagkatapos ay maging ang bagong

antas ng suporta.

Support And Resistance

[6] Batay sa isang imahe ng CC BY SA 4.0 ni Akash98887
File:Support_and_resistance.png

Paano po ba magbasa ng bitcoin chart

Ito ay isang dakilang tanong; upang sagutin, ang sumusunod na seksyon ay naglalayong masira ang pinaka popular na mga uri ng mga tsart na ginagamit upang basahin ang Bitcoin at iba pang mga cryptocurrencies pati na rin kung paano basahin ang naturang mga tsart.

Ang mga tsart ay bumubuo ng batayan kung saan maaaring suriin ang mga presyo at matatagpuan ang mga pattern. Ang mga tsart, sa isang antas, ay simple, at sa isa pa, malalim at kumplikado. Magsisimula tayo sa mga pangunahing kaalaman; iba't ibang uri ng tsart at ang iba't ibang gamit nito.

Tsart ng Linya

Ang tsart ng linya ay isang tsart na kumakatawan sa presyo sa pamamagitan ng isang solong linya. Karamihan sa mga tsart ay mga chart ng linya dahil ang mga ito ay lubhang madaling maunawaan, bagaman naglalaman sila ng mas kaunting impormasyon kaysa sa mga popular na alternatibo. Ang Robinhood at Coinbase (na parehong target ang kanilang mga serbisyo patungo sa mga hindi gaanong nakaranas ng mga mamumuhunan) ay may mga chart ng linya bilang default na uri ng tsart, habang ang mga institusyon na naglalayong patungo sa isang mas bihasang madla, tulad ng Charles Schwab at Binance, ay gumagamit ng iba pang mga form ng tsart bilang default.

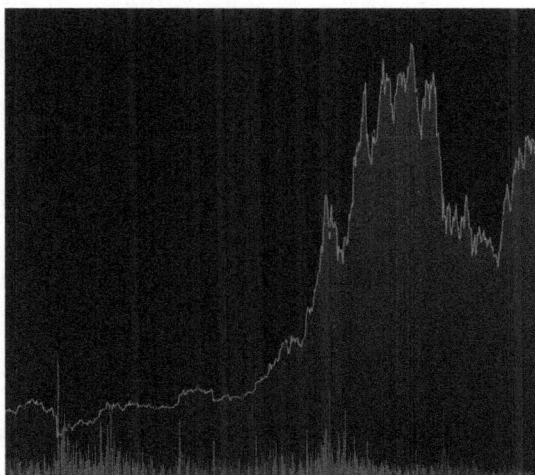

(tradingview.com) Tsart ng Linya

Tsart ng Kandila

Ang mga candlestick chart ay mas kapaki-pakinabang na form ng pagpapakita ng impormasyon tungkol sa barya; Ang naturang mga tsart ay ang tsart ng pagpipilian para sa karamihan ng mga mamumuhunan. Sa loob ng isang naibigay na panahon, ang mga candlestick chart ay may malawak na "tunay na katawan" at kadalasang kinakatawan bilang pula o berde (isa pang karaniwang scheme ng kulay ay walang laman / puti at puno / itim na tunay na katawan). Kung ito ay pula (pinagpuno), ang pagsasara ay mas mababa kaysa sa bukas (ibig sabihin ito ay bumaba). Kung ang tunay na katawan ay berde (walang laman), ang malapit ay mas mataas kaysa sa bukas (ibig sabihin ito ay tumaas). Sa itaas at ibaba ng mga tunay na katawan ay ang mga "wicks" na kilala rin bilang "mga anino." Ipinapakita ng mga wick ang mataas at mababang presyo ng kalakalan ng panahon. Kaya, pagsasama sama ng kung ano ang alam namin, kung ang itaas na wick (aka ang itaas na anino) ay malapit sa tunay na katawan, ang mas mataas na barya o token na naabot sa panahon ng araw ay malapit sa presyo ng pagsasara. Kaya, ang kabaligtaran ay nalalapat din. Kakailanganin mong magkaroon ng isang solidong pag unawa sa mga tsart ng kandila, kaya iminumungkahi ko na bisitahin mo ang isang site tulad ng tradingview.com upang makakuha ng komportable.

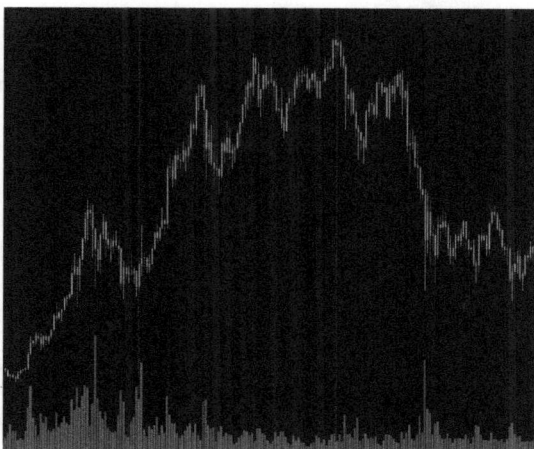

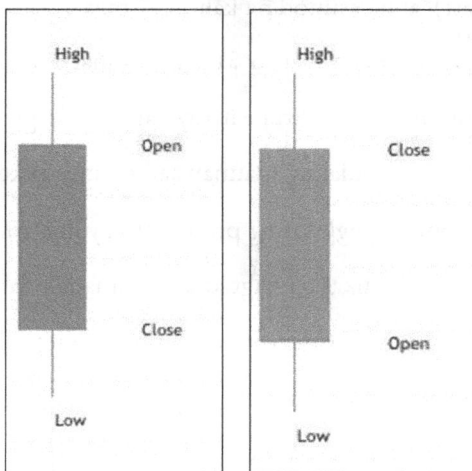

Tsart ng Kandila

Renko Chart

Ang mga chart ng Renko ay nagpapakita lamang ng paggalaw ng presyo at huwag pansinin ang oras at lakas ng tunog. Ang Renko ay nagmula sa terminong "renga" ng Hapon, na nangangahulugang "mga ladrilyo." Ang mga chart ng Renko ay gumagamit ng mga brick (kilala rin bilang mga kahon), karaniwang pula / berde o puti / itim. Ang mga kahon ng Renko ay bumubuo lamang sa itaas o ibaba ng kanang sulok ng kahon ng paglilitis, at ang susunod na kahon ay maaari lamang bumuo kung ang presyo ay pumasa sa tuktok o ibaba ng nakaraang kahon. Halimbawa, kung ang paunang natukoy na halaga ay "$1" (isipin na katulad ito ng mga agwat ng oras sa mga candlestick chart), ang susunod na kahon ay maaari lamang bumuo kapag pumasa ito sa $1 sa itaas o $1 na mas mababa sa presyo ng nakaraang kahon. Ang mga tsart na ito ay nagpapasimple at "makinis out" na mga trend sa madaling maunawaan na mga pattern habang inaalis ang random na pagkilos ng presyo. Ito ay maaaring gumawa ng pagsasagawa ng teknikal na pagtatasa mas madali dahil ang mga pattern tulad ng suporta at mga antas ng paglaban ay mas malinaw na ipinapakita.

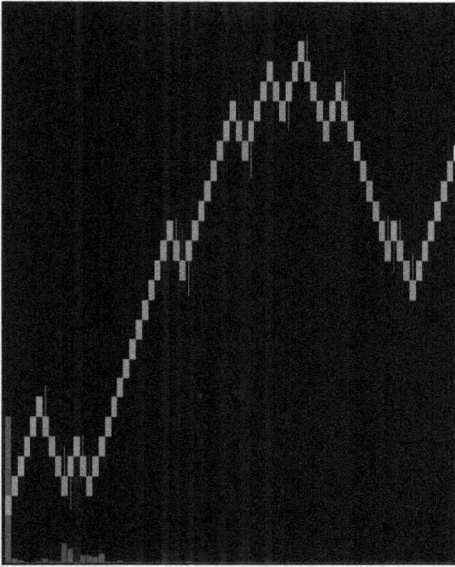

Tsart ng Point & Figure

Bagama't hindi gaanong kilala ang mga chart ng point and figure (P&F) tulad ng iba pa sa listahang ito, mahaba ang kasaysayan at reputasyon nila bilang isa sa pinakasimpleng chart na ginagamit para matukoy ang magagandang entry at exit point. Tulad ng Renko chart, ang mga P&F chart ay hindi direktang account para sa paglipas ng oras. Sa halip, ang Xs at Os ay nakasalansan sa mga haligi; ang bawat titik ay kumakatawan sa isang napiling paggalaw ng presyo (tulad ng mga bloke sa Renko chart). Ang Xs ay kumakatawan sa

isang tumataas na presyo, at ang Os ay kumakatawan sa isang
bumabagsak na presyo. Tingnan ang pagkakasunud sunod na ito:

```
      X
X O X
X O
X
```

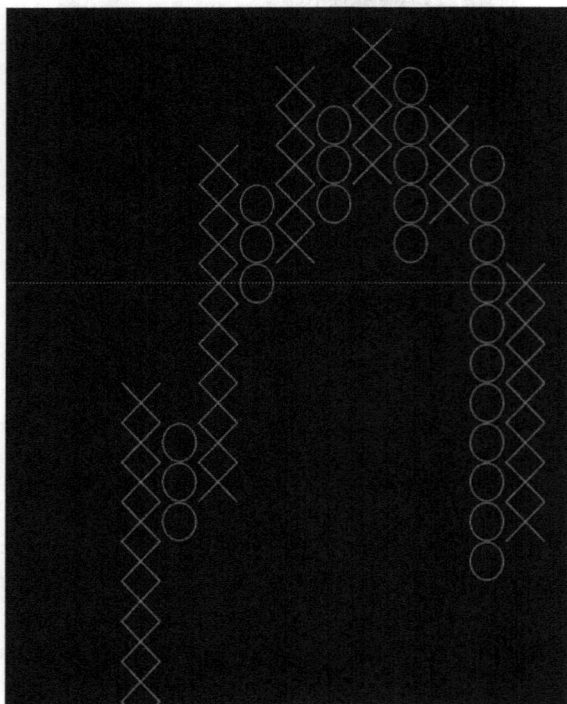

Sabihin nating ang napiling paggalaw ng presyo ay $ 10. Kailangan nating magsimula sa kaliwang ibaba: ang 3 X ay nagpapahiwatig na ang presyo ay tumaas ng $30, ang 2 Os ay nangangahulugan ng isang $ 20 patak, at pagkatapos ay ang huling 2 X ay kumakatawan sa isang $20 na pagtaas. Walang kinalaman ang oras.

Heiken-Ashi Chart

Ang mga chart ng Heikin-Ashi (hik-in-aw-she) ay isang mas simple at makinis na bersyon ng mga candlestick chart. Ang mga ito ay gumagana halos sa parehong paraan tulad ng mga candlestick chart, (kandila, wicks, anino, atbp), maliban sa HA chart makinis na data ng presyo sa loob ng dalawang panahon sa halip na isa. Ito, sa kabuuan, ay ginagawang mas kanais nais ang Heikin Ashi kaysa sa maraming mga mangangalakal kumpara sa mga candlestick chart dahil ang mga pattern at trend ay maaaring mas madaling ma spot, at ang mga maling signal (maliit, walang kahulugan na mga paglipat) ay, sa malaking bahagi, hindi napansin. Iyon ay sinabi, ang mas simpleng hitsura ay hindi malinaw ang ilang data na may kaugnayan sa mga kandelero, na bahagyang dahilan kung bakit hindi pa pinalitan ni Heikin-Ashis ang mga kandila. Kaya, iminumungkahi ko na mag eksperimento ka sa parehong mga uri ng tsart at alamin kung ano ang pinakamahusay na akma sa iyong estilo at kakayahang makilala ang mga uso.

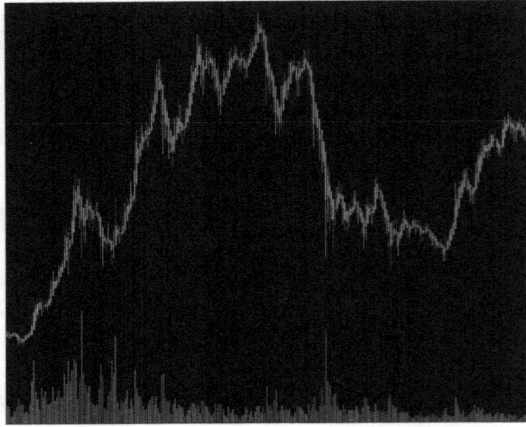

A: Pansinin na ang mga uso sa tsart ng Heikin Ashi ay mas makinis at mas nakikilala kaysa sa tsart ng kandila.

Pag chart ng Mga Mapagkukunan

TradingView

tradingview.com (pinakamahusay na pangkalahatang, pinakamahusay na panlipunan)

CoinMarketCap

coinmarketcap.com (simple, madali)

CryptoWatch

cryptowat.ch (napaka itinatag,
pinakamahusay para sa mga bot)

CryptoView

cryptoview.com (napaka customize)

Mga Klasipikasyon ng Chart Pattern

Ang mga pattern ng tsart ay inuri upang mabilis na maunawaan ang
papel at layunin. Narito ang ilan sa mga naturang klasipikasyon:

Bullish

Ang lahat ng mga pattern ng bullish ay malamang na magresulta sa
kinalabasan na paborable sa upside, kaya, halimbawa, ang isang
bullish pattern ay maaaring magresulta sa isang 10% uptrend.

Bearish

Ang lahat ng mga bearish pattern ay malamang na magresulta sa kinalabasan na paborable sa downside, kaya, halimbawa, ang isang bearish pattern ay maaaring magresulta sa isang 10% downtrend.

Kandelero

Ang mga pattern ng kandila ay partikular na nalalapat sa mga tsart ng kandila, hindi sa lahat ng mga tsart. Ito ay dahil ang mga pattern ng kandila ay umaasa sa impormasyon na maaari lamang makarating sa kabuuan sa isang kandila (katawan at wick) format.

Bilang ng mga Bar / Kandila

Ang bilang ng mga bar o kandila sa isang pattern ay karaniwang hindi hihigit sa tatlo.

Pagpapatuloy

Ang mga pattern ng pagpapatuloy ay hudyat na ang pre pattern trend ay mas malamang kaysa sa hindi magpatuloy. Kaya, halimbawa, kung ang pagpapatuloy pattern X form sa tuktok ng isang uptrend, pagkatapos ay ang uptrend ay malamang na magpatuloy.

Breakout

Ang breakout ay isang paglipat sa itaas ng paglaban o sa ibaba ng suporta. Ang mga pattern ng breakout ay nagpapahiwatig na ang naturang paglipat ay posible. Ang direksyon ng breakout na iyon ay tiyak sa pattern.

Pagbaligtad

Ang pagbaligtad ay pagbabago sa direksyon ng presyo. Ang isang pattern ng pagbaligtad ay nagpapahiwatig na ang direksyon ng presyo ay malamang na magbago (kaya, ang isang uptrend ay magiging isang downtrend, at ang isang downtrend ay magiging isang uptrend).

Anong klaseng bitcoin wallets ang meron

Ang ilang mga natatanging kategorya ng mga wallet ay umiiral at naiiba sa seguridad, kakayahang magamit, at accessibility:

1. *Wallet ng Papel*. Ang isang papel na wallet ay tumutukoy sa pag iimbak ng pribadong impormasyon (mga pampublikong susi, pribadong susi, at mga parirala ng binhi) sa, tulad ng ipinahihiwatig ng pangalan, papel. Gumagana ito dahil ang anumang pampubliko at pribadong key pair ay maaaring bumuo ng wallet; Hindi na kailangan ng online interface. Ang pisikal na imbakan ng digital na impormasyon ay itinuturing na mas ligtas kaysa sa anumang anyo ng online na imbakan, dahil lamang sa online na seguridad ay nahaharap sa isang swath ng mga potensyal na banta sa seguridad, habang ang mga pisikal na asset ay nahaharap sa ilang mga banta ng panghihimasok kung pinamamahalaang maayos. Upang lumikha ng isang Bitcoin paper wallet, kahit sino ay maaaring bisitahin ang bitaddress.org upang makabuo ng isang pampublikong address at isang pribadong key, at pagkatapos ay i print ang impormasyon. Ang mga QR code

at key string ay maaaring gamitin upang mapadali ang mga transaksyon. Gayunpaman, ibinigay ang mga hamon na nakaharap sa mga may hawak ng wallet ng papel (pinsala sa tubig, aksidenteng pagkawala, kailaliman) na may kaugnayan sa mga ultra secure na online na pagpipilian, ang mga wallet ng papel ay hindi na inirerekomenda para magamit sa pamamahala ng mga makabuluhang cryptocurrency holdings.

2. *Hot Wallet/Cold Wallet.* Ang hot wallet ay tumutukoy sa isang wallet na konektado sa internet ang kabaligtaran, malamig na imbakan, ay tumutukoy sa isang wallet na hindi konektado sa internet. Ang mga hot wallet ay nagbibigay-daan sa may-ari ng account na magpadala at tumanggap ng mga token; Gayunpaman, ang malamig na imbakan ay mas ligtas kaysa sa mainit na imbakan at nag aalok ng marami sa mga benepisyo ng mga wallet ng papel na walang kasing panganib. Karamihan sa mga palitan ay nagpapahintulot sa mga gumagamit na ilipat ang mga hawak mula sa mainit na wallet (na default) sa malamig na wallet na may pindutin ng ilang mga pindutan (Coinbase ay tumutukoy sa malamig / offline na imbakan bilang isang "vault"). Upang bawiin ang mga holdings mula sa malamig na imbakan ay nangangailangan ng ilang araw, na bilog pabalik sa

accessibility kumpara sa seguridad dynamic ng mainit na imbakan at malamig na imbakan. Kung interesado ka sa paghawak ng isang asset ng crypto para sa pangmatagalang, malamig na imbakan sa loob ng iyong palitan ay ang paraan upang pumunta. Kung plano mong aktibong mag trade o makisali sa kalakalan ng mga holdings, ang malamig na imbakan ay hindi isang magagawang pagpipilian.

3. *Hardware Wallet.* Ang mga wallet ng hardware ay ligtas na pisikal na aparato na nag iimbak ng iyong pribadong susi. Pinapayagan ng pagpipiliang ito ang ilang antas ng online na accessibility (dahil ang mga wallet ng hardware ay nag render ito napakadaling ma access ang mga hawak) na pinagsama sa isang paraan ng imbakan na hindi konektado sa internet at, samakatuwid, mas ligtas. Ang ilang mga tanyag na hardware wallets, tulad ng Ledger (ledger.com) kahit na nag aalok ng mga app na gumagana nang magkaisa sa mga wallet ng hardware nang hindi nakompromiso ang seguridad. Sa pangkalahatan, ang mga wallet ng hardware ay isang mahusay na pagpipilian para sa mga seryosong at pangmatagalang may hawak, bagaman ang pisikal na seguridad ay dapat na accounted para sa; Ang gayong mga wallet, pati na rin ang mga wallet ng papel, ay pinakamahusay na naka imbak sa mga bangko o mga solusyon sa high end na imbakan.

Kapaki pakinabang ba ang pagmimina ng Bitcoin?

Tiyak na maaari itong maging. Ang average na taunang return on investment para sa Bitcoin minero rentals ay nag iiba mula sa mataas na solong digit sa mababang double digit, habang ang ROI para sa self pinamamahalaang Bitcoin pagmimina ay nag iiba sa buong double digit (upang ilagay ang isang numero sa mga ito, 20% sa 150% taun taon ay maaaring inaasahan, habang 40% sa 80% ay normal). Alinman sa mga paraan, ang pagbabalik na ito ay matalo ang makasaysayang stock market at real estate returns ng 10%. Gayunpaman, ang pagmimina ng Bitcoin ay hindi mapalagay at mahal, at ang isang swath ng mga kadahilanan ay nakakaimpluwensya sa bawat indibidwal na pagbabalik. Sa susunod na tanong, susubukan namin ang mga kadahilanan ng Bitcoin mining kakayahang kumita, na magbigay ng maraming mas mahusay na pananaw sa tinatayang mga return, pati na rin kung bakit ang ilang mga buwan at mga minero gumanap pambihirang mabuti, at ang ilan ay hindi.

Ano ang nakakaimpluwensya sa bitcoin mining profitability

Ang mga sumusunod na variable ay mahalaga sa pagtukoy ng potensyal na kakayahang kumita ng pagmimina ng Bitcoin:

Presyo ng Cryptocurrency. Ang pangunahing nakakaimpluwensya kadahilanan ay ang presyo ng ibinigay na cryptocurrency asset. Ang isang 2x na pagtaas sa presyo ng Bitcoin ay nagreresulta sa 2x ang kita sa pagmimina (dahil ang halaga ng Bitcoin na kinikita ay nananatiling pareho, habang ang katumbas na halaga ay nagbabago), habang ang isang 50% drop ay nagreresulta sa kalahati ng kita. Given ang pabagu bago ng kalikasan ng cryptocurrencies at lalo na na ng Bitcoin, ang presyo ay kailangang isaalang alang. Sa pangkalahatan, gayunpaman, kung naniniwala ka sa Bitcoin at cryptocurrencies sa katagalan, ang mga pagbabago sa presyo ay hindi dapat makaapekto sa iyo dahil ang iyong pokus ay magiging sa pagbuo ng pangmatagalang equity, na maaari lamang magbago ayon sa iba pang mga kadahilanan sa listahang ito.

Hash Rate at Kahirapan. Ang HashRate ay ang bilis kung saan nalutas ang mga equation at matatagpuan ang mga bloke. Hash rate para sa mga minero humigit kumulang equates sa kita, at mas maraming mga minero na pumapasok sa sistema (kaya pagtaas ng hash rate ng network at ang mga kaugnay na pagmimina "kahirapan" na kung saan ay isang sukatan na naglalarawan kung paano mahirap ito ay upang minahan bloke) dilutes per miner hash share at samakatuwid ay kakayahang kumita. Sa ganitong paraan, ang kumpetisyon ay nagtutulak ng kita pababa sa pamamagitan ng kahirapan at hash rate.

Presyo ng kuryente. Habang nagiging mas mahirap ang proseso ng pagmimina, tumataas din ang mga kinakailangan sa kuryente. Ang presyo ng kuryente ay maaaring maging isang pangunahing manlalaro sa kakayahang kumita.

Halving. Tuwing 4 na taon, ang block rewards programmed sa Bitcoin halve upang incrementally mabawasan ang pagdagsa at kabuuang supply ng mga barya. Sa kasalukuyan (mula noong Mayo 13th, 2020 at tumatagal hanggang 2024), ang mga gantimpala ng minero ay 6.25 bitcoin bawat bloke. Gayunpaman, sa 2024, ang mga gantimpala ng block ay bumaba sa 3.125 bitcoin bawat bloke, at iba pa. Sa ganitong paraan, ang pangmatagalang gantimpala sa pagmimina ay dapat mahulog maliban kung ang halaga ng bawat barya ay tumataas sa halaga ng mas marami o higit pa kaysa sa pagbaba ng mga gantimpala ng block.

Gastos sa Hardware. Siyempre, ang aktwal na presyo ng hardware na kinakailangan upang minahan ang Bitcoin ay gumaganap ng isang malaking bahagi sa kita at ROI. Ang pagmimina ay madaling mai-set up sa mga normal na PC (kung mayroon ka, tingnan nicehash.com); na sinabi, ang pag set up ng buong rigs ay nagsasangkot ng gastos ng mga motherboard, CPU, graphics card, GPU, RAM, ASICs, at marami pa. Ang madaling paraan ng paglabas ay bumili lamang ng mga pre made rigs, ngunit ito ay nagsasangkot ng pagbabayad ng isang premium. Ang paggawa ng sarili mong pera ay nakakatipid, ngunit nangangailangan din ng teknikal na kaalaman; Sa pangkalahatan, ang mga opsyon sa do-it-yourself ay nagkakahalaga ng hindi bababa sa $3,000, ngunit karaniwang mas malapit sa $10,000. Ang lahat ng mga kadahilanan ng hardware na ito ay dapat isaalang alang upang gumawa ng isang disenteng pagtatantya ng potensyal na pagbabalik sa mabilis na pagbabago ng kapaligiran ng Bitcoin at cryptocurrency mining.

Upang tapusin ang tanong na ito, ang mga variable na nakakaimpluwensya sa kakayahang kumita ng pagmimina ay marami at napapailalim sa mabilis na pagbabago, at ang mga potensyal na kita ay may kinikilingan patungo sa malalaking bukid na may access sa murang kuryente. Iyon ay sinabi, ang pagmimina ng crypto ay tiyak na lubos pa ring kumikita, at ang mga pagbabalik (hindi kasama ang potensyal ng isang pagbagsak sa buong merkado) ay at malamang na, para sa medyo sandali, ay mananatiling malayo sa harap ng inaasahang mga pagbabalik sa stock market o ng normal na pagbabalik sa karamihan ng iba pang mga klase ng asset.

Mayroon bang tunay, pisikal na Bitcoins?

May mga hindi, at malamang na hindi kailanman magiging, pisikal na Bitcoin; Ito ay tinatawag na isang "digital na pera" para sa isang dahilan. Iyon ay sinabi, ang accessibility ng Bitcoin ay tataas sa paglipas ng panahon sa pamamagitan ng mas mahusay na mga palitan, Bitcoin ATM, Bitcoin debit at credit card, at iba pang mga serbisyo. Sana, isang araw Bitcoin at iba pang cryptocurrencies ay magiging kasingdali upang gamitin bilang pisikal na pera.

Ay Bitcoin Frictionless?

Ang isang frictionless market ay isang ideal na kapaligiran sa kalakalan kung saan walang mga gastos o pagpipigil sa mga transaksyon. Ang merkado ng Bitcoin (na binubuo ng mga pares), habang sa kalsada sa frictionless (lalo na tungkol sa global money transfer), ay hindi malapit sa tunay na pagiging doon.

HTTPS://LibertyTreeCS.New YorkPet.org/2016/03/Is-Bitcoin-Really-Frictionless/

Gumagamit ba ang Bitcoin ng Mnemonic Phrases

Ang katagang mnemonic ay katumbas ng isang katagang binhi; Parehong kumakatawan sa 12 hanggang 24 na mga pagkakasunod sunod ng salita na tumutukoy at kumakatawan sa mga wallet. Isipin ito bilang backup password; Gamit ito, hindi ka maaaring mawalan ng access sa iyong account. Sa flip side, kung nakalimutan mo ito, walang paraan upang i reset ito o makuha ito pabalik at sinumang iba pa na may ito ay may access sa iyong wallet. Ang lahat ng mga wallets sa loob kung saan maaari mong hawakan Bitcoin gamitin mnemonic parirala; dapat mong palaging panatilihin ang mga katagang ito sa isang ligtas at pribadong lokasyon; Sa papel ay pinakamahusay, pinakamahusay sa lahat sa papel sa isang vault o ligtas.

Your Seed Phrase

Your Seed Phrase is used to generate and recover your account.

1. issue	2. flame	3. sample
4. lyrics	5. find	6. vault
7. announce	8. banner	9. cute
10. damage	11. civil	12. goat

Please save these 12 words on a piece of paper. The order is important. This seed will allow you to recover your account.

7

Pwede po ba mabawi ang bitcoin nyo kung mali po ang address na pinadala nyo

Ang refund address ay isang wallet address na maaaring magsilbing backup sakaling mabigo ang transaksyon. Kung ang naturang kaganapan ay nangyayari, pagkatapos ay isang chargeback ay ibinibigay sa tinukoy na refund address. Kung sakaling kailangan mong magbigay ng isang refund address, siguraduhin na ang address ay tama at maaaring matanggap ang token na iyong ipinapadala.

File:Creating-Atala_PRISM-crypto_wallet-seed_phrase.png

Sigurado ba ang Bitcoin

Ang Bitcoin, na pinamamahalaan ng isang nakapailalim na sistema ng blockchain network, ay isa sa mga pinaka secure na sistema sa mundo para sa mga sumusunod na kadahilanan:

1. *Ang Bitcoin ay pampubliko.* Bitcoin, tulad ng maraming cryptocurrencies, ay may isang pampublikong ledger na nagtatala ng lahat ng mga transaksyon. Dahil walang pribadong impormasyon na dapat ibigay upang ariin at i trade ang Bitcoin at ang lahat ng impormasyon sa transaksyon ay pampubliko sa blockchain, ang mga intruder ay walang dapat i hack o magnakaw; ang tanging alternatibo sa pag hack sa at profiting off ang Bitcoin network (hindi kasama ang mga tao na punto ng kabiguan, tulad ng sa exchange atake at nawala password kami ay nakatuon sa Bitcoin mismo) ay isang 51% atake, na, sa scale ng Bitcoin, ay praktikal na imposible. Ang pagiging "publiko" ay nakatali rin sa Bitcoin na walang pahintulot; Walang sinuman ang kumokontrol dito, at samakatuwid walang subjective o nag iisang pananaw ang maaaring makaapekto sa buong network (nang walang pahintulot ng lahat ng iba pa sa network).

2. *Ang Bitcoin ay desentralisado.* Bitcoin kasalukuyang nagpapatakbo sa pamamagitan ng 10,000 nodes, ang lahat ng

kung saan kolektibong maglingkod upang mapatunayan ang mga transaksyon.[8] Dahil ang buong network ay nagpapatunay ng mga transaksyon, walang paraan ng pagbabago o pagkontrol sa mga transaksyon (maliban kung, muli, 51% ng network ay kinokontrol). Ang gayong pag-atake, tulad ng nabanggit, ay halos imposible; sa kasalukuyang presyo ng Bitcoin, ang isang attacker ay kailangang gumastos ng sampu sampung milyong dolyar sa isang araw at kontrolin ang isang dami ng computational resources na lamang ay hindi magagamit.[9] Samakatuwid, ang desentralisadong kalikasan ng pagpapatunay ng data ay gumagawa ng Bitcoin lubhang ligtas.

3.   *Bitcoin ay hindi maibabalik.* Sa sandaling ang mga transaksyon sa network ay nakumpirma, hindi posible na baguhin ang mga ito dahil ang bawat bloke (ang isang bloke ay isang batch ng mga bagong transaksyon) ay konektado sa mga bloke sa magkabilang panig nito, samakatuwid ay bumubuo ng isang magkakaugnay na kadena. Kapag naisulat na, hindi maaaring baguhin ang mga bloke. Ang dalawang

---

[8] "Bitnodes: Global Bitcoin Nodes Pamamahagi." https://bitnodes.io/. Na access noong 30 Ago. 2021.

[9] "Kailangan mo ng $21 milyon para atakehin ang Bitcoin sa loob ng isang araw - Decrypt." 31 Jan. 2020, https://decrypt.co/18012/you-would-need-21-million-to-attack-bitcoin-for-a-day. Na access noong 30 Ago. 2021.

salik na ito, sa kumbinasyon, ay pumipigil sa pagbabago ng data, at tinitiyak ang mas malaking seguridad.

4. *Ginagamit ng Bitcoin ang proseso ng hashing.* Ang hash ay isang function na nag convert ng isang halaga sa isa pa ang isang hash sa mundo ng crypto ay nag convert ng isang input ng mga titik at numero (isang string) sa isang naka encrypt na output ng isang nakapirming laki. Ang mga hash ay tumutulong sa pag-encrypt dahil ang "paglutas ng" bawat hash ay nangangailangan ng pagtatrabaho nang pabaliktad upang malutas ang isang napakakumplikadong problema sa matematika; Samakatuwid, ang kakayahang malutas ang mga equation na ito ay purong batay sa computational power. Ang hashing ay may mga sumusunod na benepisyo: ang data ay naka compress, ang mga halaga ng hash ay maaaring ihambing (salungat sa paghahambing ng data sa orihinal na anyo nito), at ang mga function ng hashing ay isa sa mga pinaka ligtas at paglabag na paraan ng paghahatid ng data (lalo na sa scale).

Mauubos na ba ang bitcoin

Depende kung ano ang ibig mong sabihin sa "ubusan." Ang halaga ng bitcoin na idinagdag sa network bawat taon ay, palaging, mauubos. Gayunpaman, sa puntong iyon, iba't ibang mga mekanismo ng supply (salungat sa Bitcoin pagiging ang gantimpala sa pagmimina) ay kukunin at negosyo ay pumunta sa bilang normal. Sa ganoong kahulugan, hindi dapat maubusan ang Bitcoin.

Ano po ba ang point ng bitcoin

Ang pangunahing halaga ng Bitcoin ay nagmula sa mga sumusunod na application: bilang isang tindahan ng halaga at isang paraan ng pribado, pandaigdigan, at ligtas na mga transaksyon. Ito, sa kabuuan, ang punto ng Bitcoin; isang layunin na kung saan ay natupad sa lubos na matagumpay na ibinigay ito ng makasaysayang returns at ang 300,000 o higit pa araw-araw na transaksyon.

Paano mo ipapaliwanag ang Bitcoin sa isang 5 taong gulang

Ang bitcoin ay pera sa computer na magagamit ng mga tao sa pagbili at pagbebenta ng mga bagay o upang kumita ng mas maraming pera. Gumagana ang Bitcoin dahil sa blockchain. Ang Blockchain ay isang tool na nagbibigay daan sa maraming iba't ibang mga tao na ligtas na pumasa sa paligid ng mahalagang impormasyon o pera nang hindi nangangailangan ng ibang tao na gawin ito para sa kanila.

Kumpanya po ba ang bitcoin

Bitcoin ay hindi isang kumpanya. Ito ay isang network ng mga computer na nagpapatakbo ng mga algorithm. Gayunpaman, ibinigay ang pag unlad ng software at hardware sa paglipas ng panahon at upang maiwasan ang antiquation ng Bitcoin, isang sistema ng pagboto ay ipinatupad sa network sa paglikha upang payagan ang mga update sa code at algorithm. Ang sistema ng pagboto ay ganap na bukas na mapagkukunan at nakabatay sa pinagkasunduan, ibig sabihin na ang mga update sa sistema na iminungkahi ng mga developer at boluntaryo ay kailangang sumailalim sa mahigpit na pagsisiyasat mula sa iba pang mga interesadong partido (dahil ang isang error sa isang pag update ay mawawala ang milyon milyong mga interesadong partido ng pera), at ang pag update ay lilipas lamang kung ang mass consensus ay naabot. Ang Bitcoin Foundation (bitcoinfoundation.org) ay gumagamit ng ilang mga full time na developer na nagtatrabaho upang magtatag ng isang roadmap para sa Bitcoin at bumuo ng mga update. Gayunpaman, muli, ang sinumang may isang bagay na mag aambag ay maaaring gawin ito, at walang aktwal na kumpanya o organisasyon na nalalapat. Bukod pa rito, ang mga gumagamit ay hindi napipilitang mag-update kung may patakaran na ipapalit; Maaari silang dumikit sa anumang bersyon na gusto nila. Ang mga ideya sa likod ng sistemang ito ay kahanga-hanga; ang ideya ng isang independiyenteng, bukas na pinagmulan, batay sa pinagkasunduan na network ay may mga aplikasyon sa maraming higit pang mga patlang kaysa sa lamang na ng Bitcoin.

scam po ba ang bitcoin

Bitcoin, sa pamamagitan ng kahulugan, ay hindi isang scam. Ito ay isang instrumentong pinansyal na nilikha ng isang koponan ng mga itinatag na inhinyero. Ito ay nagkakahalaga ng trilyon, hindi hackable, at ang tagapagtatag ay hindi nakapagbenta ng anumang mga holdings.[10] Iyon ay sinabi, ang Bitcoin ay tiyak na manipulatable, at lubos na hindi mapalagay ang loob. Maraming iba pang mga cryptocurrencies sa merkado, hindi tulad ng Bitcoin, ay isang scam. Kaya, gawin ang iyong pananaliksik, mamuhunan sa mga itinatag na barya na may mga kagalang galang na koponan, at gumamit ng karaniwang kahulugan.

---

[10] Habang si Satoshi Nakamoto ay nagkakahalaga ng sampu sampung bilyon dahil sa Bitcoin, hindi siya nakapagbenta ng anumang (sa kanyang kilalang wallet). Kasama ang kanyang hindi nagpapakilala, ang tagapagtatag ng Bitcoin ay marahil ay hindi gumawa ng anumang pangunahing kita sa pamamagitan ng pera, hindi bababa sa may kaugnayan sa sampu o daan daang bilyon na pag aari niya.

Pwede bang ma hack ang bitcoin

Ang Bitcoin mismo ay imposibleng hack dahil ang buong network ay patuloy na sinusuri ng maraming mga node (computer) sa loob ng network, at samakatuwid ang anumang attacker ay maaari lamang tunay na hack ang sistema kung kontrolado nila ang 51% o higit pa sa computational power sa network (dahil ang kontrol ng karamihan ay maaaring magamit upang mapatunayan ang anumang bagay, kung tama ito o hindi). Given ang pagmimina kapangyarihan sa likod ng Bitcoin, ito ay mahalagang imposible. Gayunpaman, ang mahinang punto sa seguridad ng cryptocurrency ay ang mga wallet ng mga gumagamit; Ang mga wallet at palitan ay mas madaling hack. Kaya, kahit na imposible ang Bitcoin na hack, ang iyong Bitcoin ay maaaring ma hack sa pamamagitan ng kasalanan ng isang palitan, pati na rin sa pamamagitan ng isang mahina o aksidenteng ibinahagi na password. Sa pangkalahatan, kung dumikit ka sa mga itinatag na palitan at panatilihin ang isang pribado, ligtas na password, ang iyong mga pagkakataon na makakuha ng hack ay praktikal na nil.

Sino ang sumusubaybay sa mga transaksyon ng Bitcoin?

Ang bawat node (computer) sa Bitcoin network ay nagpapanatili ng isang kumpletong kopya ng lahat ng mga transaksyon sa Bitcoin. Ang impormasyon ay ginagamit upang mapatunayan ang mga transaksyon at matiyak ang seguridad. Bukod pa rito, ang lahat ng transaksyon ng Bitcoin ay pampubliko at makikita sa pamamagitan ng Bitcoin ledger; Maaari mong tingnan ito para sa iyong sarili sa sumusunod na link:

https://www.blockchain.com/btc/unconfirmed-transactions

May pwede bang bumili at magbenta ng bitcoin

Dahil ang Bitcoin ay desentralisado, kahit sino ay maaaring bumili at magbenta, anuman ang mga panlabas na kadahilanan o pagkakakilanlan. Iyon ay sinabi, maraming mga bansa ang nangangailangan ng mga cryptocurrencies na traded lamang sa pamamagitan ng mga sentralisadong palitan (para sa mga layunin ng buwis at seguridad), samakatuwid ay nangangailangan ng mga pangunahing utos ng KYC, tulad ng pagkakakilanlan, SSN, atbp. Ang mga naturang batas ay talagang pumipigil sa ilang mga tao mula sa pamumuhunan sa crypto at ang mga sentralisadong palitan ay may karapatang mag shut down ng mga account para sa anumang kadahilanan.

Anonymous ba ang bitcoin

Tulad ng nabanggit sa tanong nang direkta sa itaas, ang likas na sistema na namamahala sa Bitcoin ay nagbibigay daan para sa kumpletong personal na hindi nagpapakilala; Ang dapat lang ibahagi para sa isang matagumpay na transaksyon ay isang wallet address. Gayunpaman, ang mga mandato ng pamahalaan ay ginawang ilegal sa maraming mga bansa (ang pangunahing halimbawa ay ang US) upang makipagkalakalan sa desentralisadong palitan. Samakatuwid, ang mga sentralisadong palitan ay nagba bar ng legal na hindi nagpapakilala habang nakikipagkalakalan sa crypto.

Maaari bang magbago ang mga patakaran ng Bitcoin

Dahil ang Bitcoin ay desentralisado, ang sistema ay hindi maaaring baguhin ang sarili nito. Gayunpaman, ang mga patakaran ng network ay maaaring baguhin sa pamamagitan ng pinagkasunduan ng mga may hawak ng Bitcoin. Ngayon, ang mga proyektong bukas na mapagkukunan ay nag update ng Bitcoin kung kinakailangan ang mga update, at gawin lamang ito kung ang mga pagbabago ay tinanggap ng komunidad ng Bitcoin.

Dapat bang gawing capital ang bitcoin

Bitcoin bilang isang network ay dapat na capitalized. Bitcoin bilang isang yunit ay hindi dapat capitalized. Halimbawa, "pagkatapos kong marinig ang tungkol sa ideya ng Bitcoin, bumili ako ng 10 bitcoins."

Ano po ba ang bitcoin protocols

Ang protocol ay isang sistema o pamamaraan na kumokontrol kung paano dapat gawin ang isang bagay. Sa loob ng cryptocurrency at Bitcoin, ang mga protocol ay ang namamahala na layer ng code. Halimbawa, ang isang protocol ng seguridad ay tumutukoy kung paano dapat isagawa ang seguridad, isang blockchain protocol ang namamahala kung paano kumikilos at nagpapatakbo ang blockchain, at kinokontrol ng isang protocol ng Bitcoin kung paano gumagana ang Bitcoin.

Lightning Network Protocol Sui

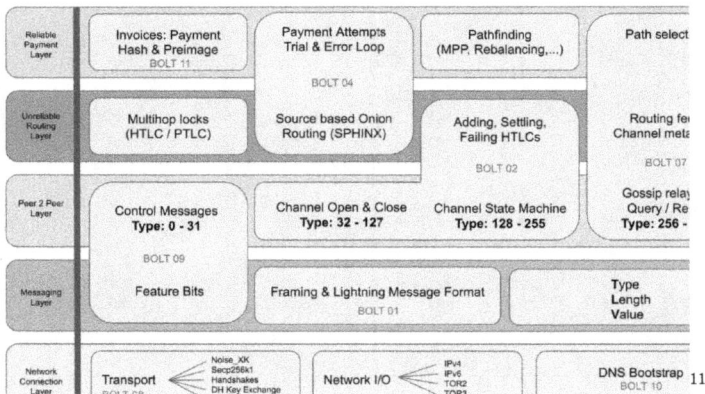

Reliable Payment Layer	Invoices: Payment Hash & Preimage BOLT 11	Payment Attempts Trial & Error Loop BOLT 04	Pathfinding (MPP, Rebalancing,...)	Path select
Unreliable Routing Layer	Multihop locks (HTLC / PTLC)	Source based Onion Routing (SPHINX)	Adding, Settling, Failing HTLCs BOLT 02	Routing fee Channel meta BOLT 07
Peer 2 Peer Layer	Control Messages Type: 0 - 31 BOLT 09	Channel Open & Close Type: 32 - 127	Channel State Machine Type: 128 - 255	Gossip relay Query / Re Type: 256 -
Messaging Layer	Feature Bits	Framing & Lightning Message Format BOLT 01		Type Length Value
Network Connection Layer	Transport Noise_XK Secp256k1 Handshakes DH Key Exchange	Network I/O IPv4 IPv6 TOR2 TOR3		DNS Bootstrap BOLT 10

11

*Ito ay isang halimbawa ng isang protocol, na tiningnan sa pamamagitan ng lens ng Lightning Network, na isang Layer-2

---

payment protocol na dinisenyo upang gumana sa tuktok ng mga barya tulad ng Bitcoin at Litecoin upang paganahin ang mas mabilis na mga transaksyon at sa gayon paglutas ng mga isyu sa scalability.

Ano po ba ang Ledger ng bitcoin

Ang ledger ng Bitcoin, at lahat ng mga ledger ng blockchain, ay nag iimbak ng data tungkol sa lahat ng mga transaksyon sa pananalapi na ginawa sa ibinigay na blockchain. Ang mga Cryptocurrency ay gumagamit ng mga pampublikong ledger, na nangangahulugang ang ledger na ginamit upang i record ang lahat ng mga transaksyon ay magagamit sa publiko. Maaari mong makita ang pampublikong ledger ng Bitcoin sa blockchain.com/explorer.

Hash	Time	Amount (BTC)	Amount (USD)
e3bc0fb2e5f235094f3825ab722ca4dda006c3528db1466012c1395984f8a3ec	12:22	3.40547680 BTC	$170,418.94
80c2a1ab9cc9fc94f082e707640216f3898beb189428840adf189fb2fb150735	12:22	0.52284473 BTC	$26,164.21
f3773b96dd9b10777e0761dd7d8oe8e7953b190546b243fcsfaf5494124a0e9d	12:22	0.03063826 BTC	$1,533.20
e5efie9678e6494bb65cea67aef3aee769ef972172db5424797dcd16eb7345a9a	12:22	0.00151322 BTC	$75.72
9f3bcd4212f05ed0d9ad7be40a97e1b4e6fe3456c7d9926e6b1a6219b7a1f33e	12:22	0.84369401 BTC	$42,220.15
37e7a56509c2b095549c3fd85e2dcd3c0a29f47d5987d64ef5cf4b8ce9992611	12:22	0.00153592 BTC	$76.86
ee7a833c2da6c25125a653903828db74303d2efafdf730b0cc2767d8840e1754	12:22	0.00210841 BTC	$105.51
d2259896d076a2723259cc55e7131c3d4622ce6a14c37eb51cedd9992f3873c1	12:22	0.00251375 BTC	$125.79
8f7a795199ec4bdb0cc9319e75c13ca1f944c7846faf24004962ga2a0aed072f	12:22	1.60242873 BTC	$80,188.77
7f6fa2f84999a07a03a344aed9ddb34282683afeddfcb611f996109b43bab11f	12:22	0.00022207 BTC	$11.11
3c9dfdf9b649a1d465d5d2cfcb3185ad91b087d36b4b60b3233d0c78cf859d60	12:22	0.00006000 BTC	$3.00
4dce5a8630b41314ff08a30dcaf52095b3563c450accdf01f1f724f1b6ffbe24	12:22	0.00761070 BTC	$380.85
7e31b8568d549a894819ed10b11d03025141ca429bfbaf699ca73fb82ea0825d	12:22	0.00070666 BTC	$35.36
9fd6d4e37f766c414078c8d2dc8cd48efa6cf00f901d31e81e73a1a874c2beef	12:22	0.00061789 BTC	$30.92
b4dda5555fde5282c1e51fa69e56998a55904b77da989136a62b256aac2960fb	12:22	0.07876440 BTC	$3,941.53
a8f05dce5ca3964b05fbfb65a52e8a23834597739f182&c368fbc8abd129391a	12:22	1.41705546 BTC	$70,912.32
b80588ba59e4b6d3b22294d86c2f0df577a7e58a92961afbb62ba3add06b053	12:22	0.30358853 BTC	$15,192.18
e0fb0ded87c22b2e11ef7eb3852a7a6a51bca0907d0d63199f6d9e276a410dd8	12:22	0.00712366 BTC	$356.48
f60389c978d4bf68bb32047fbd5efecb046d1f0e09c3c7b2035e5b2b6a852445	12:22	0.00029789 BTC	$14.91
a820e18a7a4539e4cd410f1f9fb213408174f699ffe2d245540b388e7befbfbf	12:22	0.79690506 BTC	$39,878.74
cbdc8ef0669d4a243add5c0b8c40d014d4a33a5e01e8eacd3fbcaffc9aba36c2	12:22	0.54677419 BTC	$27,361.68

*Isang live na view ng Bitcoin pampublikong ledger mula sa blockchain.com

Anong klaseng Network ang bitcoin

Ang Bitcoin ay isang P2P (peer to peer) network. Ang isang network ng peer to peer ay nagsasangkot ng maraming mga computer na nagtatrabaho sa bawat isa upang makumpleto ang mga gawain. Ang mga network ng peer to peer ay hindi nangangailangan ng isang sentral na awtoridad at isang mahalagang bahagi ng mga network ng blockchain at cryptocurrencies.

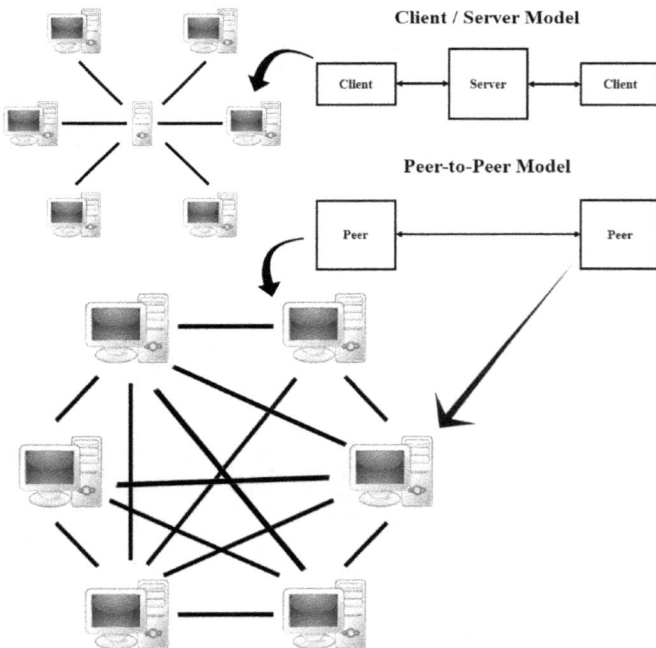

---

12 Nilikha ng may-akda; batay sa mga imahe mula sa mga sumusunod na pinagkukunan:

Pwede pa rin bang maging top cryptocurrency ang bitcoin kapag natamaan nito ang max supply

Ang supply ng Bitcoin ay talagang mauubos, ngunit gagawin ito sa taon 2140. Sa puntong iyon, ang lahat ng 21 milyong BTC ay nasa network, at ang isa pang insentibo o sistema ng supply ay dapat na ipatupad para sa patuloy na kaligtasan ng network. Gayunpaman, ang paghula kung ang Bitoin ay magiging nangungunang cryptocurrency sa taon 2140 ay tulad ng pagtatanong sa taon 1900 kung ano ang magiging 2020 Ang pagkakaiba sa teknolohiya ay halos imposibleng malaki at ang teknolohikal na kapaligiran sa ika 22 siglo ay hulaan ng sinuman. Titingnan na lang natin.

Magkano po ang kinikita ng mga bitcoin miners

Bitcoin minero, sama sama, gumawa sa paligid ng $ 45 milyon bawat araw at $ 1.9 milyon sa isang oras (6.25 Bitcoin bawat bloke, 144 bloke bawat araw). Ang kita ng per-minero ay depende sa hashing power, gastos sa kuryente, pool fee (kung nasa pool), power consumption, at hardware cost; Ang mga online na calculator ng pagmimina ay maaaring tantyahin ang kita batay sa lahat ng mga kadahilanang ito. Ang pinakasikat sa mga calculator na ito, na ibinigay ng Nicehash, ay matatagpuan sa https://www.nicehash.com/profitability-calculator.

Ano po ba ang Block height ng bitcoin

Ang taas ng block ay ang bilang ng mga bloke sa isang blockchain. Ang taas 0 ay ang unang bloke (tinutukoy din bilang "genesis block"), ang taas 1 ay ang pangalawang bloke, at iba pa; ang kasalukuyang block height ng bitcoin ay higit sa kalahating milyon. Ang "block generation time" ng Bitcoin ay kasalukuyang nasa paligid ng 10 minuto, ibig sabihin na ang isang bagong bloke ay idinagdag sa Bitcoin blockchain humigit kumulang bawat 10 minuto.

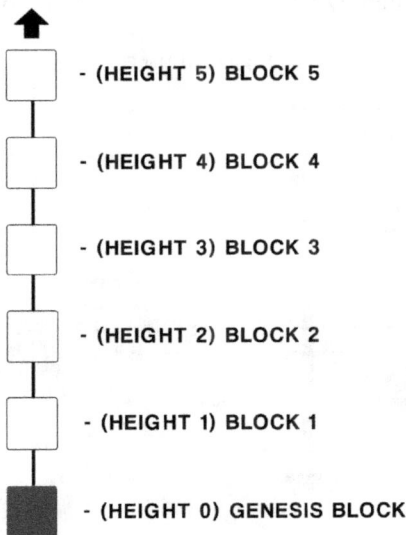

- (HEIGHT 5) BLOCK 5

- (HEIGHT 4) BLOCK 4

- (HEIGHT 3) BLOCK 3

- (HEIGHT 2) BLOCK 2

- (HEIGHT 1) BLOCK 1

- (HEIGHT 0) GENESIS BLOCK

13

Gumagamit ba ang Bitcoin ng Atomic Swap

Ang atomic swap ay isang matalinong teknolohiya ng kontrata na nagbibigay daan sa mga gumagamit na palitan ang dalawang magkaibang barya para sa isa't isa nang walang tagapamagitan ng third party, karaniwang isang palitan, at nang hindi na kailangang bumili o magbenta. Ang mga sentralisadong palitan, tulad ng Coinbase, ay hindi maaaring magsagawa ng atomic swaps. Sa halip, ang mga desentralisadong palitan ay nagpapahintulot sa mga atomic swap at nagbibigay ng buong kontrol sa mga end user.

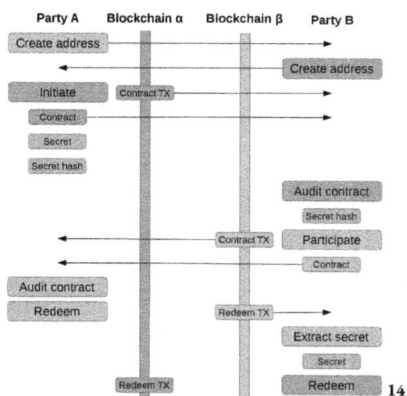

*Visualization ng isang atomic swap workflow.

[14] Nickboariu / CC BY-SA 4.0 / File:Atomic_Swap_Workflow.svg

Ano po ba ang bitcoin mining pool

Ang mga mining pool, na kilala rin bilang group mining, ay tumutukoy sa mga grupo ng mga tao o entity na pinagsasama ang kanilang computational power upang magkasama ang minahan at hatiin ang mga gantimpala. Tinitiyak din nito ang pare pareho, kumpara sa sporadic, kita.

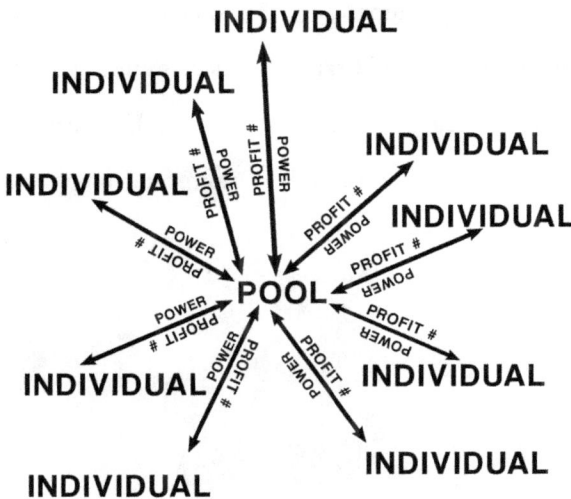

INDIVIDUAL
INDIVIDUAL
INDIVIDUAL
INDIVIDUAL
INDIVIDUAL
PROFIT #
POWER
PROFIT #
POWER
POWER
PROFIT #
PROFIT #
POWER
POOL
POWER
PROFIT #
POWER
PROFIT #
POWER
PROFIT #
POWER
PROFIT #
INDIVIDUAL
INDIVIDUAL
INDIVIDUAL
INDIVIDUAL

[15]

Sino po ang mga pinakamalaking bitcoin miners

Figure 2.3 ay isang breakdown ng Bitcoin minero pamamahagi. Ang mga malalaking chunks ay ang lahat ng mga pool ng pagmimina, hindi indibidwal na mga minero, dahil ang mga pool ay nagpapagana ng napakalaking scale (sa mga tuntunin ng computational power) sa pamamagitan ng leveraging ng isang network ng mga indibidwal. Ito, sa kakanyahan, ay nalalapat ang napaka bitcoin tulad ng konsepto ng pamamahagi sa pagmimina. Ang pinakamalaking Bitcoin pool ay kinabibilangan ng Antpool (isang open access mining pool) ViaBTC (kilala para sa pagiging ligtas at matatag), Slush Pool (ang pinakalumang mining pool), at BTC.com (ang pinakamalaking sa apat).

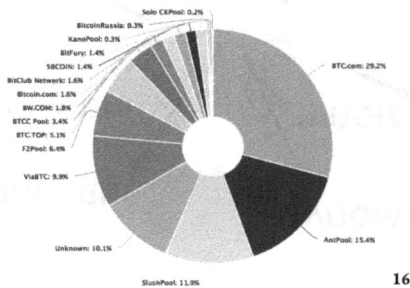

Figure 2.3: Pamamahagi ng Pagmimina ng Bitcoin 3

---

[16] "Bitcoin Pagmimina Pamamahagi 3 | Download Scientific Diagram." https://www.researchgate.net/figure/Bitcoin-Mining-Distribution-3_fig3_328150068. Na access noong 2 Set 2021.

Luma na ba ang bitcoin technology

Oo, ang teknolohiya powering Bitcoin ay lipas na may kaugnayan sa mas bagong mga kakumpitensya. Ginawa ng Bitcoin ang gawain ng trailblazing at kumilos bilang isang patunay ng konsepto para sa mga cryptocurrencies, ngunit tulad ng sa lahat ng teknolohiya, ang pagbabago ay nagtutulak ng pasulong at pagsunod sa naturang pagbabago ay nangangailangan ng mga cohesive upgrade, na hindi pa nagkaroon ng Bitcoin. Ang Bitcoin network ay maaaring hawakan ang tungkol sa 7 mga transaksyon bawat segundo, habang ang Ethereum (ang pangalawang pinakamalaking cryptocurrency sa pamamagitan ng market cap) ay maaaring hawakan ang 30 mga transaksyon bawat segundo at Cardano, ang ikatlong pinakamalaking at mas bagong cryptocurrency, ay maaaring hawakan ang tungkol sa 1 milyong mga transaksyon bawat segundo. Ang kasikipan ng network sa network ng Bitcoin ay humahantong sa mas mataas na bayad. Sa ganitong paraan, pati na rin sa programmability, privacy, at paggamit ng enerhiya, ang Bitcoin ay medyo lipas na. Hindi ito nangangahulugang hindi ito gumagana; Ginagawa nito, nangangahulugan lamang ito na ang alinman sa mga seryosong pag upgrade ay dapat na ipinatupad o ang karanasan ng gumagamit ay magiging mas masahol pa at ang mga kakumpitensya ay umunlad. Gayunpaman, hindi alintana, Bitcoin ay may napakalaking halaga ng tatak, isang napakalaking scale ng paggamit at pag aampon, at mga protocol na makakuha ng trabaho tapos na sa isang ligtas na paraan; Nangangahulugan lamang ito na hindi ito isang zero sum game o malamang na magtatapos sa pinakamahusay o pinakamasamang sitwasyon. Malamang na makita namin ang isang sitwasyon sa gitnang lupa na pag playout, kung saan ang Bitcoin ay patuloy na nahaharap sa mga problema, patuloy na nagpapatupad ng mga solusyon, at patuloy na lumalaki (kahit na ang paglago ay kailangang bumagal sa ilang mga punto) habang lumalaki ang espasyo ng crypto.

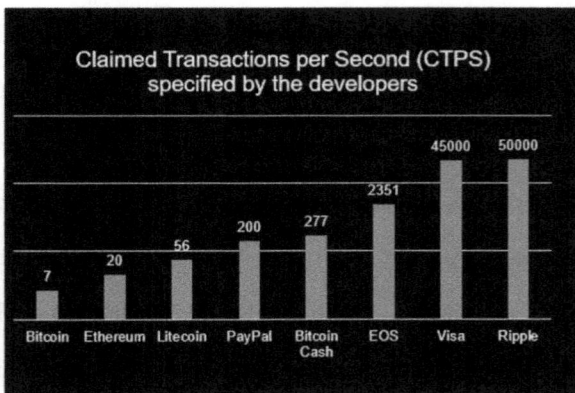

Claimed Transactions per Second (CTPS) specified by the developers

[17] https://investerest.vontobel.com/

[17] "Bitcoin Ipinaliwanag - Kabanata 7: Bitcoins Scalability - Investerest." https://investerest.vontobel.com/en-

Ano po ba ang bitcoin node

Ang node ay isang computer (ang isang node ay maaaring maging anumang computer, hindi anumang tiyak na uri) na konektado sa network ng isang blockchain at tumutulong sa blockchain sa pagsulat at pagpapatunay ng mga bloke. Ang ilang node ay nag-download ng buong kasaysayan ng kanilang blockchain; Ang mga ito ay tinatawag na masternodes at gumaganap ng mas maraming mga gawain kaysa sa mga regular na node. Bukod pa rito, ang mga node ay hindi nakatali sa isang partikular na network; nodes ay maaaring lumipat sa maraming iba't ibang mga blockchains praktikal na sa kalooban, tulad ng kaso sa multipool mining.

Paano gumagana ang mekanismo ng supply ng Bitcoin

Bitcoin ay gumagamit ng isang PoW supply mekanismo. Ang isang mekanismo ng supply ay ang paraan kung saan ang mga bagong token ay ipinakilala sa network. Ang PoW, o "Proof of work" ay literal na nangangahulugang ang trabaho (sa mga tuntunin ng mga equation ng matematika) ay kinakailangan upang lumikha ng mga bloke. Ang mga taong gumagawa ng gawain ay mga minero.

Paano po kinakalkula ang market cap ng bitcoin

Ang equation para sa market cap ay napaka simple: # ng mga yunit x presyo bawat yunit. Bitcoin "units" ay mga barya, kaya upang malutas para sa market cap isa ay maaaring multiply ang circulating supply (approx.18.8 milyon) sa pamamagitan ng presyo sa bawat barya (approx. $50,000). Ang nagresultang bilang (sa kasong ito, 940 bilyon) ay ang market cap.

Pwede po ba magbigay at kumuha ng bitcoin loans

Oo, maaari mong leverage ang Bitcoin at iba pang mga cryptocurrencies upang kumuha ng isang USD loan. Ang mga ganitong pautang ay mainam para sa mga taong ayaw ibenta ang kanilang mga hawak na bitcoin, ngunit nangangailangan ng pera para sa mga gastusin tulad ng pagbabayad ng kotse o ari arian, paglalakbay, pagbili ng isang ari arian, atbp. Ang pagkuha ng pautang ay nagbibigay daan sa may hawak na hawakan ang kanilang mga ari arian gayunpaman ay sinasamantala pa rin ang halaga na naka lock sa asset. Dagdag pa, ang mga pautang sa Bitcoin ay may lubhang mabilis na turnaround at pagtanggap ng mga oras, ang mga marka ng credit ay hindi mahalaga, at ang mga pautang ay may ilang antas ng pagiging kompidensiyal (ibig sabihin, ang mga nagpapautang ay walang interes sa kung ano ang ginugugol mo ang pera). Bilang lender, magandang estratehiya ang paggawa ng kita mula sa mga sedentary holding; sa magkabilang panig, ang panganib ay higit sa lahat sa mga fluctuations ng Bitcoin. Alinman sa mga paraan, ito ay isang nakakaintriga na negosyo, at isa na nagsisimula pa lamang at may tunay na napakalaking potensyal na paglago. Ang pinaka popular na mga serbisyo upang bigyan at makakuha ng Bitcoin at barya pautang ay blockfi.com, lendabit, youhodler,btcpop , coinloan.io, at mycred.io.

Ano po ang pinakamalaking problema sa bitcoin

Bitcoin, sa kasamaang palad, ay hindi perpekto. Ito ang una sa uri nito, at walang bagong teknolohiya ang nagiging perpekto sa unang pagtatangka. Ang pinakamalaking kasalukuyan at pangmatagalang problema na nakaharap sa Bitcoin ay ang enerhiya at sukat. Bitcoin ay nagpapatakbo sa pamamagitan ng isang PoW (proof-of-work) system, at ang incurred downside ay mataas na paggamit ng enerhiya; Bitcoin kasalukuyang gumagamit ng 78 tW / oras bawat taon (karamihan sa kung saan, bagaman hindi lahat, utilizes carbon). Upang magbigay ng ilang pananaw, ang isang terawatt-hour ay isang pagkakaisa ng enerhiya na katumbas ng pag-output ng isang trilyong watts sa loob ng isang oras. Sa kabila nito, ang Bitcoin network consumes tatlong beses mas mababa enerhiya kaysa sa tradisyonal na sistema ng pera; Ang isyu ay namamalagi sa paggamit ng enerhiya sa mass adoption at sa paggamit ng enerhiya na may kaugnayan sa iba pang mga cryptocurrencies.[18] Ang isang PoS (patunay ng stake) system, tulad ng na employed sa pamamagitan ng Ethereum, ay gumagamit ng 99.95%

---

[18] "Ang mga bangko ay kumonsumo ng higit sa tatlong beses na mas maraming enerhiya kaysa sa Bitcoin ...." https://bitcoinist.com/banks-consume-energy-bitcoin/.

mas mababa enerhiya kaysa sa isang PoW alternatibo.[19] Ito ay mas mahalaga kaysa sa anumang ganap na data ng pagkonsumo ng enerhiya, dahil ito ay nagpapahiwatig sa katotohanan na ang Bitcoin ay may potensyal na ubusin ang mas kaunting enerhiya kaysa sa kasalukuyang ginagawa nito kahit na ang isang ideal na kinakailangan sa enerhiya ay isang mahabang paraan off. Bilang karagdagan sa scale, ang isang pantay na mahalagang problema na nakaharap sa Bitcoin sa katagalan (hindi sa mga tuntunin ng kaligtasan ng buhay, ngunit sa mga tuntunin ng halaga) ay utility. Bitcoin ay may maliit na likas na utility at nagsisilbi higit pa bilang isang tindahan ng halaga kaysa sa bilang isang teknolohiya. Maaaring ipagtatalunan na ang Bitcoin ay pumupuno ng isang niche at kumikilos tulad ng isang digital na ginto, ngunit ang dobleng talim na tabak ng isang nakaupo na niche ay ang pagkabagot ng Bitcoin ay lubhang mataas para sa isang pangmatagalang tindahan ng halaga at sa ilang mga punto alinman sa pagkasumpungin ay dapat na bumaba o ang paggamit ay mananatiling limitado sa demograpiko na komportable sa mataas na pagkasumpungin. Sa pinakamaliit, ang tanong ng utility ay nagdadala up ang tanong ng altcoin alternatibo; dahil ang mga kaso ng paggamit ng cryptocurrencies ay iba iba, lalo na sa pagsasaalang alang sa utility, at samakatuwid cryptocurrencies maliban sa Bitcoin ay dapat at

---

[19] "Ang patunay ng stake ay maaaring gumawa ng Ethereum 99.95% mas mahusay sa enerhiya ...." https://www.morningbrew.com/emerging-tech/stories/2021/05/19/proofofstake-make-ethereum-9995-energyefficient-work.

umiiral sa scale sa katagalan. Ang tanong kung alin, kung sasagutin nang tama, ay magiging lubhang kapaki pakinabang.

May coins or token ba ang bitcoin

Ang Bitcoin ay binubuo ng mga barya, ngunit ang pag unawa sa pagkakaiba sa pagitan ng mga token at barya ay mahalaga. Ang cryptocurrency token ay isang digital unit na kumakatawan sa isang asset, tulad ng isang barya. Gayunpaman, habang ang mga barya ay itinayo sa kanilang sariling blockchain, ang mga token ay itinayo sa isa pang blockchain. Maraming mga token ang gumagamit ng Ethereum blockchain, at sa gayon ay tinutukoy bilang mga token, hindi barya. Ang mga barya ay ginagamit lamang bilang pera, habang ang mga token ay may mas malawak na hanay ng mga paggamit. Ang pag unawa sa mga token ay isang mahalagang bahagi ng pag unawa sa eksaktong kung ano ang iyong kalakalan, pati na rin ang pag unawa sa lahat ng paggamit ng mga digital na pera, at para sa mga kadahilanang iyon ang pinakasikat na mga subcategory ng token ay sinusuri dito:

1. *Ang mga token* ng seguridad ay kumakatawan sa legal na pagmamay ari ng isang asset, digital man o pisikal. Ang salitang "seguridad" sa mga token ng seguridad ay hindi nangangahulugan ng seguridad tulad ng sa pagiging ligtas, ngunit sa halip ang "seguridad" ay tumutukoy sa anumang instrumentong pinansyal na humahawak ng halaga at maaaring i trade. Talaga, ang mga token ng seguridad ay kumakatawan sa isang pamumuhunan o asset.

2. *Ang mga token ng utility* ay binuo sa isang umiiral na protocol at maaaring ma access ang mga serbisyo ng protocol na iyon. Tandaan, ang mga protocol ay nagbibigay ng mga patakaran at isang istraktura para sa mga node na sundin, at ang mga token ng utility ay maaaring magamit para sa mas malawak na mga layunin kaysa sa isang token lamang ng pagbabayad. Halimbawa, ang mga token ng utility ay karaniwang ibinibigay sa mga namumuhunan sa panahon ng isang ICO. Pagkatapos, sa ibang pagkakataon, maaaring gamitin ng mga mamumuhunan ang mga token ng utility na natanggap nila bilang isang paraan ng pagbabayad sa platform na natanggap nila ang mga token mula sa. Ang pangunahing bagay na dapat tandaan ay ang mga token ng utility ay maaaring gumawa ng higit pa kaysa sa paglilingkod lamang bilang isang paraan upang bumili o magbenta ng mga kalakal at serbisyo.

3. *Ang mga token ng pamamahala* ay ginagamit upang lumikha at magpatakbo ng isang sistema ng pagboto para sa mga cryptocurrencies na nagbibigay daan sa pag upgrade ng system nang walang isang sentralisadong may ari.

4. *Ang mga token ng pagbabayad (transaksyonal)* ay ginagamit lamang upang magbayad para sa mga kalakal at serbisyo.

Pwede ka bang kumita ng pera sa paghawak lang ng bitcoin

Maraming barya ang magbibigay ng gantimpala para lamang sa paghawak ng asset; Ang mga may hawak ng Ethereum ay malapit nang gumawa ng 5% APR sa staked ETH. Gayunpaman, ang mahalagang salita ay "nakataya" dahil ang lahat ng mga barya na nag aalok ng pera para lamang sa paghawak ng barya o token (tinatawag na "staking rewards") ay nagpapatakbo sa isang sistema at algorithm ng PoS (patunay ng stake). Ang isang algorithm ng PoS ay isang alternatibo sa PoW (patunay ng trabaho) na nagbibigay daan sa isang tao na minahan at patunayan ang mga transaksyon batay sa bilang ng mga barya na pag aari. So, sa PoS, mas marami kang pag aari, mas marami kang minahan. Ethereum ay maaaring sa lalong madaling panahon tumakbo sa patunay ng stake, at maraming mga alternatibo na gawin. Lahat ng sinabi, maaari ka pa ring kumita ng interes sa iyong Bitcoin sa pamamagitan ng pagpapahiram nito sa mga borrowers.

May slippage ba ang bitcoin?

Upang magbigay ng ilang konteksto, ang pagdulas ay maaaring mangyari kapag ang isang kalakalan ay inilagay sa isang order sa merkado. Ang mga order sa merkado ay nagsisikap na isagawa sa pinakamahusay na posibleng presyo, ngunit kung minsan ang isang kapansin pansin na pagkakaiba sa pagitan ng inaasahang presyo at aktwal na presyo ay nangyayari. Halimbawa, maaari mong makita na ang halimbawacoin ay nasa $100, kaya naglagay ka ng market order sa halagang $1000. Gayunpaman, magtatapos ka lamang sa pagkuha ng 9.8 examplecoin para sa iyong $ 1000, kumpara sa inaasahang 10. Nangyayari ang slippage dahil mabilis magbago ang mga bid / ask spreads (basically, nagbago ang presyo ng merkado). Ang Bitcoin at karamihan sa mga cryptocurrencies ay maaaring madulas; Para sa kadahilanang ito, kung naglalagay ka ng isang malaking order, isaalang alang ang paglalagay ng isang limitasyon ng order kumpara sa isang order sa merkado. Ito ay puksain ang slippage.

Anong bitcoin acronym ang dapat kong malaman

ATH

Acronym na nangangahulugang "all time high." Ito ang pinakamataas na presyo na naabot ng isang cryptocurrency sa loob ng isang napiling panahon.

ATL

Acronym na nangangahulugang "lahat ng oras mababa." Ito ang pinakamababang presyo na naabot ng isang cryptocurrency sa loob ng isang napiling panahon.

BTD

Acronym na ang ibig sabihin ay "Bilhin ang Dip." Maaari ring kinakatawan, kasama ang ilang maalat na wika, bilang BTFD.

CEX

Acronym na nangangahulugang "centralized exchange." Ang mga sentralisadong palitan ay pag aari ng isang kumpanya na namamahala sa mga transaksyon. Ang Coinbase ay isang tanyag na CEX.

ICO

"Initial coin offering."

P2P

"Ang mga paa ay mga paa."

PND

"Pump at dump."

ROI

"Balik sa puhunan."

DLT

Acronym na nangangahulugang "Distributed Ledger Technology." Ang distributed ledger ay isang ledger na naka imbak sa maraming iba't ibang mga lokasyon upang ang mga transaksyon ay maaaring mapatunayan ng maraming mga partido. Ang mga network ng Blockchain ay gumagamit ng ipinamamahagi na mga ledger.

SATS

Ang SATS ay shorthand para kay Satoshi Nakamoto, na siyang pseudonym na ginagamit ng tagalikha ng Bitcoin. Ang isang SATS ay ang pinakamaliit na pinapayagan na yunit ng bitcoin, na 0.00000001

BTC. Ang pinakamaliit na yunit ng bitcoin ay tinutukoy din lamang bilang isang Satoshi.

Anong bitcoin slang ang dapat kong malaman

Bag

Ang bag ay tumutukoy sa posisyon ng isang tao. Halimbawa, kung nagmamay ari ka ng isang malaking dami sa isang barya, nagmamay ari ka ng isang bag ng mga ito.

May hawak ng Bag

Ang may hawak ng bag ay isang mangangalakal na may posisyon sa isang walang halaga na barya. Ang mga may hawak ng bag ay madalas na humahawak ng pag asa sa kanilang walang halaga na posisyon

dolphy

Ang mga may hawak ng Crypto ay inuri sa pamamagitan ng ilang iba't ibang mga hayop. Ang mga may labis na malalaking hawak, tulad ng sa 10's ng milyon milyon, ay tinatawag na balyena, habang ang mga may katamtamang laki ng mga hawak ay tinatawag na mga dolphin.

Flippening / Flappening

Ang "flippening" ay ginagamit upang ilarawan ang hypothetical sandali kapag, kung sa lahat, Etherium (ETH) pumasa Bitcoin (BTC) sa market cap. Ang "flappening" ay ang sandali kapag Litecoin (LTC) pumasa Bitcoin Cash (BCH) sa market cap. Ang flappening ay nangyari sa 2018, habang ang flippening ay hindi pa magaganap, at, batay sa purong sa market cap, ay malamang na hindi kailanman mangyayari.

Buwan / Sa Buwan
Ang mga termino tulad ng "sa buwan" at "ito ay pupunta sa buwan" ay tumutukoy lamang sa cryptocurrency na tumataas sa halaga, karaniwan sa pamamagitan ng isang matinding halaga.

Vaporware
Ang vaporware ay isang barya o token na na hyped up, ngunit may maliit na intrinsic value at malamang na bumaba ang halaga.

Vladimir Club
Isang termino na naglalarawan ng isang tao na nakakuha ng 1% ng 1% (0.01%) ng pinakamataas na supply ng isang cryptocurrency.

Mahina ang mga Kamay
Ang mga mangangalakal na mayroon kang "mahinang kamay" ay kulang sa tiwala na hawakan ang kanilang mga ari arian sa. mukha ng

pagkabagot at madalas na kalakalan sa emosyon, kumpara sa pagdikit sa kanilang plano sa kalakalan.

REKT

Phonetic spelling ng "nabagsak."

HODL

"Kumapit ka para sa mahal na buhay."

DYOR

"Magsaliksik ka na lang."

FOMO

"Takot na hindi makarating."

FUD

"Takot, kawalan ng katiyakan at pag aalinlangan."

JOMO

"Joy ng hindi makapasok."

ELI5

"Ipaliwanag mo na parang 5 na ako."

Pwede po ba gamitin ang leverage at margin para makapag trade ng bitcoin

Upang magbigay ng konteksto para sa mga hindi pamilyar sa leveraged trading, ang mga mangangalakal ay maaaring "leverage" trading power sa pamamagitan ng kalakalan sa hiniram na pondo mula sa isang third party. Halimbawa, sabihin na mayroon kang $1,000 at gumagamit ka ng 5x leverage; Nakikipagkalakalan ka ngayon sa $5,000 na halaga ng pondo, $4,000 na hiniram mo. Sa function ding iyon, ang 10x leverage ay $10,000 at ang 100x ay $100,000. Pinapayagan ka ng Leverage na palakasin ang kita sa pamamagitan ng paggamit ng pera na hindi mo at panatilihin ang ilan sa mga dagdag na kita. Ang margin trading ay halos mapagpapalit sa leverage trading (dahil ang margin ay lumilikha ng leverage) at ang pagkakaiba lamang ay ang margin ay ipinahayag bilang isang porsyento na deposito na kinakailangan, habang ang leverage ay isang ratio (ibig sabihin, maaari kang margin trade sa 3x leverage). Ang leverage at margin trading ay napakapanganib; Sa pangkalahatan, maliban kung mayroon kang isang bihasang mangangalakal at mayroon kang ilang katatagan sa pananalapi, ang leverage trading ay hindi inirerekomenda. Iyon ay sinabi, maraming mga palitan ang nag aalok ng leveraged trading services para sa Bitcoin at iba pang mga cryptocurrencies. Ang mga sumusunod ay nagtatala ng pinakamahusay na mga serbisyo na nag aalok ng crypto leverage trading:

- Binance (popular, pinakamahusay na pangkalahatang)
- Bybit (pinakamahusay na mga tsart)
- BitMEX (pinakamadaling gamitin)
- Deribit (pinakamahusay para sa leveraged Bitcoin trading)
- Kraken (popular, friendly sa gumagamit)
- Poloniex (mataas na likido)

Ano po ba ang bitcoin bubble

Ang isang bula sa Bitcoin at lahat ng mga pamumuhunan ay tumutukoy sa isang oras sa panahon kung saan ang lahat ay tumataas sa isang hindi napapanatiling rate. Kadalasan, ang mga bula ay mag pop at mag trigger ng isang malaking pag crash. Para sa kadahilanang ito, ang pagiging sa isang bubble, kung tumutukoy sa merkado sa kabuuan o isang tiyak na barya o token, ay parehong isang mabuti at (moreso) isang masamang bagay.

Ano po ang ibig sabihin ng "bullish" o "bearish" sa bitcoin

Ang ibig sabihin ng maging oso ay sa tingin mo ay bababa ang presyo ng isang barya, token, o ang halaga ng buong merkado. Kung ganito ang tingin mo, itinuturing ka ring "bearish" sa ibinigay na seguridad. Ang kabaligtaran ay upang maging bullish: ang isang tao na sa tingin ng isang seguridad ay tumaas sa halaga ay bullish sa seguridad na iyon. Ang mga salitang ito ay pinasikat sa terminolohiya ng stock market, at ang pinagmulan ay naisip na nakatali sa mga katangian ng mga hayop: ang isang toro ay magtulak ng mga sungay nito pataas habang inaatake ang isang kalaban, habang ang isang oso ay tatayo at mag swipe pababa.

Cyclical ba ang bitcoin

Oo, ang Bitcoin ay makasaysayang paikot ikot at may posibilidad na gumana sa mga siklo ng maraming taon (partikular, 4 na taong cycle) na makasaysayang nasira sa mga sumusunod: breakthrough highs, isang pagwawasto, pag iipon, at sa wakas pagbawi at pagpapatuloy. Ito ay maaaring gawing simple sa isang malaking up, pangunahing pababa, maliit na up o patagilid, at isang malaking up. Ang mga breakthrough highs ay karaniwang sumusunod (karaniwan sa isang taon o higit pa pagkatapos) Bitcoin ni halving kaganapan, na nangyayari tuwing apat na taon (ang pinakahuli na kung saan nangyayari sa 2020). Ito, sa pamamagitan ng walang ibig sabihin, ay isang eksaktong agham, ngunit ito ay nagbibigay ng ilang mga pananaw sa medium term potensyal at presyo pagkilos ng Bitcoin. Dagdag pa, ang mga malalaking paglukso ng Altcoins (partikular na katamtaman at maliit na altcoins) ay karaniwang nangyayari habang ang Bitcoin ay hindi gumagawa ng isang pangunahing pataas na paglipat o isang pangunahing pababa na paglipat, at madalas na sumusunod sa isang malaking pataas na paglipat. Sa ganoong punto, ang mga namumuhunan ay kumukuha ng mga kita ng Bitcoin (habang ang presyo ay consolidates) at inilalagay ang mga ito sa mas maliit na barya. Kaya, ang lahat ng ito ay karaniwang isang bagay na dapat isipin, lalo na kung iniisip mo ang pagbili o pagbebenta ng Bitcoin.

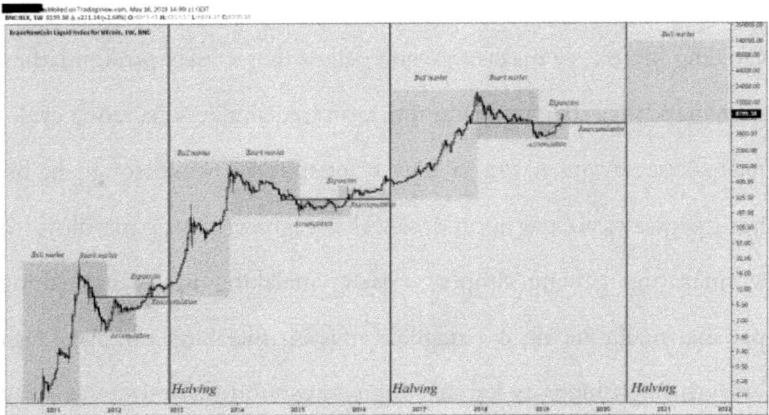

2021

20

[21] "Detalyadong Breakdown ng Apat na Taon ni Bitcoin Cycles | Forex Academy. " 10 Peb. 2021, https://www.forex.academy/detailed-breakdown-of-bitcoins-four-years-cycles/. Na access noong 4 Set 2021.

[22] "Isang Detalyadong Breakdown ng Apat na Taon Cycles ni Bitcoin | Hacker Noon." 29 Okt. 2020, https://hackernoon.com/a-

Ano po ba ang Bitcoin Utility

Ang utility sa loob ng isang barya o token ay isa sa mga pinakamahalagang aspeto ng due diligence dahil ang pag unawa sa kasalukuyan at pangmatagalang utility at halaga sa likod ng isang barya o token ay nagbibigay daan para sa isang mas malinaw na pagsusuri ng potensyal. Ang utility ay tinukoy bilang kapaki-pakinabang at functional; Ang mga barya o token ng crypto na may utility ay may tunay, praktikal na paggamit: hindi lamang sila umiiral ngunit sa halip ay nagsisilbi upang malutas ang isang problema o nag aalok ng isang serbisyo. Ang mga barya na may pinaka functional na kasalukuyang paggamit at paggamit ng mga kaso ay malamang na magtagumpay kumpara sa mga walang patuloy na layunin, paggamit, at pagbabago. Narito ang ilang mga pag aaral ng kaso, kabilang na ang Bitcoin:

- ❖ Ang Bitcoin (BTC) ay nagsisilbing isang maaasahan at pangmatagalang tindahan ng halaga, na katulad ng "digital gold."
- ❖ Ethereum (ETH) ay nagbibigay daan para sa paglikha ng dApps at Smart Contracts sa tuktok ng Ethereum blockchain.

---

detailed-breakdown-of-bitcoins-four-year-cycles-icp3z0q. Na access noong 4 Set 2021.

- ❖ Ang Storj (STORJ) ay maaaring magamit upang mag imbak ng data sa ulap sa isang desentralisadong paraan, katulad ng Google Drive at Dropbox.

- ❖ Ang Basic Attention Token (BAT) ay ginagamit sa loob ng browser ng Brave upang kumita ng mga gantimpala at magpadala ng mga tip sa mga tagalikha.

- ❖ Ang Golem (GNT) ay isang pandaigdigang supercomputer na nag aalok ng mga mapagkukunan ng computing na maaaring upahan kapalit ng mga token ng GNT.

Mas maganda ba na hawakan ang bitcoin o i trade ito

Sa kasaysayan, mas kapaki pakinabang at mas madaling hawakan lamang ang Bitcoin. Ang oras, pagsisikap, at tiyempo na kailangan para matagumpay na makapagkalakalan (o para maging mas malaki ang kita kaysa sa mga may hawak nito) ay napakahirap pagsamahin ang mga ito; Ang mga gumagawa nito ay karaniwang mga full time na mangangalakal o may access sa mga tool na hindi naa access ng iba. Maliban kung handa kang yakapin ang antas na ito ng dedikasyon o tunay mong tangkilikin ang proseso, mas mahusay kang hawakan at bumili ng Bitcoin para sa pangmatagalang.

Risky ba ang pag invest sa bitcoin

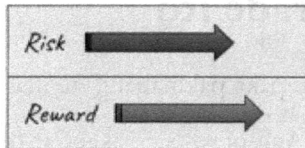

Ang imahe sa itaas ay batay sa prinsipyo ng tradeoff na may panganib na pagbabalik. Kapag nakita ng isa ang lahat ng iba pa na kumikita ng pera (tulad ng higit sa lahat at mapanganib na pinagana ng social media, dahil ang lahat ay nag post ng mga panalo at hindi ang mga pagkalugi), tulad ng kasalukuyang nangyayari sa merkado ng crypto, kami ay madaling kapitan ng sakit sa subconsciously (o malay) ipagpalagay ang isang kakulangan ng makabuluhang panganib. Gayunpaman, sa pangkalahatan ay nagsasalita (lalo na sa pagsasaalang alang sa mga pamumuhunan), ang mas maraming gantimpala doon, mas maraming panganib doon. Ang pamumuhunan sa mga cryptocurrencies ay hindi walang panganib, ni mababang panganib; Ito ay lubhang mapanganib, ngunit ang pagiging isang double edged tabak, nag aalok din ito ng matinding gantimpala.

Ano po ang bitcoin white paper

Ang puting papel ay isang ulat ng impormasyon na inisyu ng isang organisasyon tungkol sa isang naibigay na produkto, serbisyo, o pangkalahatang ideya. Ang mga puting papel ay nagpapaliwanag (talagang, nagbebenta) ng konsepto at nagbibigay ng isang ideya at timetable ng mga kaganapan sa hinaharap. Sa pangkalahatan, ito ay tumutulong sa mga mambabasa na maunawaan ang isang problema, malaman kung paano ang mga tagalikha ng papel ay naglalayong malutas ang problemang iyon, at bumuo ng isang opinyon tungkol sa proyektong iyon. Tatlong uri ng puting papel ang madalas na espasyo ng negosyo: una, ang "backgrounder," na nagpapaliwanag ng background sa likod ng isang produkto, serbisyo, o ideya at nagbibigay ng teknikal at nakatuon sa edukasyon na impormasyon na nagbebenta ng mambabasa. Ang pangalawang uri ng puting papel ay isang "listahan ng numero" na nagpapakita ng nilalaman sa isang natutunaw at numerong naka orient na format. Halimbawa, "10 mga kaso ng paggamit para sa barya CM" o "10 dahilan token HL ay mangibabaw sa merkado." Ang pangwakas na uri ay isang problema / solusyon puting papel, na tumutukoy sa problema na ang produkto, serbisyo, o ideya ay naglalayong malutas, at nagpapaliwanag sa nilikha na solusyon.

Ang mga puting papel ay ginagamit sa loob ng espasyo ng crypto upang ipaliwanag ang mga nobelang konsepto at ang mga teknikalidad, pangitain, at mga plano na nakapalibot sa isang naibigay na proyekto. Ang lahat ng mga propesyonal na proyekto ng crypto ay magkakaroon ng isang puting papel, karaniwang matatagpuan sa kanilang website. Ang pagbabasa ng puting papel ay nagbibigay sa iyo ng isang mas mahusay na pag unawa sa isang proyekto kaysa sa praktikal na anumang iba pang solong mapagkukunan ng naa access na impormasyon. Ang puting papel ng Bitcoin ay nai publish noong 2008 at binalangkas ang mga prinsipyo ng isang transparent at hindi mapigilan cryptographically secure, ipinamamahagi, at P2P electronic payment system. Maaari mong basahin ang orihinal na Bitcoin puting papel para sa iyong sarili sa sumusunod na link:

bitcoin.org/bitcoin.pdf

Nasa ibaba ang ilang mga website na nagbibigay ng karagdagang impormasyon tungkol sa, o pag access sa, cryptocurrency white papers.

Lahat ng Crypto White Papers

https://www.allcryptowhitepapers.com/

CryptoRating

https://cryptorating.eu/whitepapers/

CoinDesk

https://www.coindesk.com/tag/white-papers

Ano po ba ang bitcoin keys

Ang isang susi ay isang random na string ng mga character na ginagamit ng mga algorithm upang i encrypt ang data. Bitcoin at karamihan sa mga cryptocurrencies ay gumagamit ng dalawang mga susi: isang pampublikong susi at isang pribadong key. Ang parehong mga susi ay mga string ng mga titik at numero. Kapag sinimulan ng isang gumagamit ang kanilang unang transaksyon, ang isang pares ng isang pampublikong susi at isang pribadong susi ay nilikha. Ang pampublikong susi ay ginagamit upang makatanggap ng cryptocurrencies, habang ang pribadong key ay nagbibigay daan sa gumagamit upang isagawa ang mga transaksyon mula sa kanilang account. Ang parehong mga susi ay naka imbak sa isang wallet.

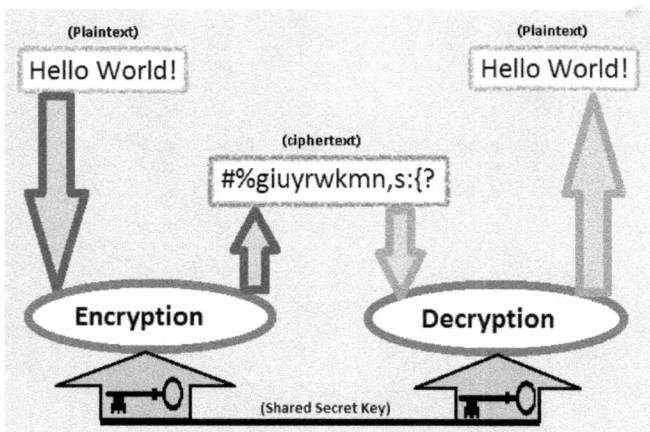

Kulang ba ang bitcoin

Oo. Bitcoin ay isang deflationary asset na may isang nakapirming supply. Ang mga cryptocurrencies na may nakapirming supply ay may limitasyon sa algorithmik. Bitcoin, tulad ng nabanggit, ay isang nakapirming supply ng asset, dahil walang higit pang mga barya ay maaaring posibleng nilikha sa sandaling 21 milyon ay inilagay sa sirkulasyon. Sa kasalukuyan, halos 90% ng bitcoin ay minahan at sa paligid ng 0.5% ng kabuuang supply ay tinatanggal mula sa sirkulasyon bawat taon (dahil sa mga barya na ipinadala sa mga hindi naa access na account. Tulad ng bawat halving (sakop sa ibang pagkakataon), Bitcoin ay pindutin ang kanyang maximum na supply sa paligid ng taon 2140. Maraming iba pang mga cryptocurrencies (na nagmula sa website cryptoli.st, suriin ang mga ito para sa iyong sarili kung interesado ka sa iba pang mga listahan ng crypto) tulad ng Binance Coin (BNB), Cardano (ADA), Litecoin (LTC), at ChainLink (LINK), ay itinatag din sa isang nakapirming supply, deflationary system. Karagdagang impormasyon sa konsepto ng deflationary system at kung bakit ito ay gumagawa ng Bitcoin kakaunti ay nakabalangkas sa "ano ang ibig sabihin ng Bitcoin pagiging deflationary " tanong sa ibaba.

Ano po ba ang bitcoin whales

Ang mga balyena, sa cryptocurrency, ay tumutukoy sa mga indibidwal o entidad na humahawak ng sapat na ng isang naibigay na barya o token upang maituring na mga pangunahing manlalaro na may potensyal na maka impluwensya sa pagkilos ng presyo. Sa paligid ng 1000 indibidwal na Bitcoin whales sariling 40% ng lahat ng Bitcoins, at 13% ng lahat ng Bitcoin ay gaganapin sa higit sa 100 mga account lamang.[24] Bitcoin whales ay maaaring manipulahin ang presyo ng Bitcoin sa pamamagitan ng iba't ibang mga diskarte, at tiyak na magkaroon sa mga nakaraang taon. Ang isang kagiliw giliw na kaugnay na artikulo (inilathala ng Medium) ay "Bitcoin Whales at Crypto Market Manipulation."

---

[24] "Ang weird mundo ng Bitcoin 'whales' 22 Jan. 2021, https://www.telegraph.co.uk/technology/2021/01/22/weird-world-bitcoin-whales-2500-people-control-40pc-market/.

Sino ang mga Bitcoin Miners?

Ang mga minero ng Bitcoin ay sinumang nagpapahiram ng computational power sa network ng Bitcoin. Ito ay mula sa mga gumagamit ng Nicehash PC upang makumpleto ang mga bukid ng pagmimina; Sinuman na nagdaragdag ng anumang kapangyarihan sa network (kaya pagtaas ng hash rate) ay tinukoy bilang isang minero. Nag aalok ang mga minero ng Bitcoin ng computational power sa network ng Bitcoin, na ginagamit upang i verify ang mga transaksyon at magdagdag ng mga bloke sa blockchain, bilang kapalit ng mga gantimpala sa Bitcoin.

Ano po ang ibig sabihin ng "burn" ng bitcoin

Ang terminong "burned" ay tumutukoy sa proseso ng pagsunog, na kung saan ay isang mekanismo ng supply na nagbibigay daan sa mga barya na makuha sa labas ng sirkulasyon, samakatuwid ay kumikilos bilang isang tool sa deflationary at pagtaas ng halaga ng bawat iba pang barya sa network (ang konsepto ng kung saan ay katulad ng isang kumpanya na bumili ng back stock sa stock market). Ang pagsunog ay maaaring isagawa sa ilang iba't ibang paraan: isa sa mga paraan na ito ay ang pagpapadala ng mga barya sa isang hindi naa access na wallet, na tinatawag na isang "eater address." Sa kasong ito, habang ang mga token ay hindi pa teknikal na inalis mula sa kabuuang supply, ang circulating supply ay epektibong bumaba. Sa kasalukuyan, sa paligid ng 3.7 milyong Bitcoins (200+ bilyon ng halaga) ay nawala sa pamamagitan ng prosesong ito. Ang mga token ay maaari ring masunog sa pamamagitan ng coding ng isang burn function sa mga protocol na namamahala sa isang token, ngunit ang malayo mas popular na pagpipilian ay sa pamamagitan ng mga nabanggit na eater address. Ang isang cryptocurrency analysis na nagngangalang Timothy Paterson ay asserted na 1,500 Bitcoins ay nawala bawat araw, na kung saan ay malayo lumampas sa average na araw araw na pagtaas (sa pamamagitan ng pagmimina) ng 900. Sa huli, sa isang punto, ang pagkawala ng mga barya ay nagdaragdag ng kakulangan at halaga.

Ano ang ibig sabihin ng bitcoin na deflationary

Ang Bitcoin ay isang asset na nakapirming supply (ibig sabihin ang supply ng barya ay may limitasyon sa algorithmic) dahil walang higit pang mga barya ang posibleng malikha sa sandaling ang 21 milyon ay nailagay sa sirkulasyon. Sa kasalukuyan, halos 90% ng mga Bitcoins ay minahan, at sa paligid ng 0.5% ng kabuuang supply ay nawawala bawat taon. Bilang isang resulta ng halving, Bitcoin ay pindutin ang maximum na supply nito sa paligid ng 2140. Ang pinaka maliwanag na benepisyo ng isang sistema ng nakapirming supply ay ang mga naturang sistema ay deflationary. Ang mga deflationary assets ay mga asset kung saan ang kabuuang supply ay bumababa sa paglipas ng panahon, at samakatuwid ang bawat yunit ay nagdaragdag ng halaga. Halimbawa, sabihin mong na stranded ka sa isang disyertong isla kasama ang 10 iba pang mga tao, at ang bawat tao ay may 1 bote ng tubig. Dahil ang ilang mga tao ay malamang na uminom ng kanilang tubig, ang kabuuang supply ng 100 bote ng tubig ay maaari lamang mabawasan. Dahil dito ay nagiging deflationary asset ang tubig. Habang lumiliit ang kabuuang supply, ang bawat bote ng tubig ay nagiging nagkakahalaga ng pagtaas ng higit pa. Sabihin mo, ngayon, 20 bote na lang ng tubig ang natitira. Ang bawat isa sa 20 bote ng tubig ay nagkakahalaga ng mas maraming bilang 5 bote ng tubig ay dating nagkakahalaga ng kapag ang lahat ng 100 ay ipinamamahagi. Sa ganitong paraan, ang mga pangmatagalang may hawak ng mga ari arian ng deflationary ay nakakaranas ng pagtaas sa halaga ng kanilang mga hawak dahil ang pundamental na halaga na may kaugnayan sa kabuuan (sa halimbawa ng bote ng tubig, ang 1 bote sa labas ng 100 ay 1%, habang ang 1 sa 20 ay 5%, na ginagawang ang bawat bote na nagkakahalaga ng 5x higit pa) ay nadagdagan. Sa pangkalahatan, ang isang nakapirming supply at deflationary modelo, katulad ng digital na ginto (lalo na sa pagtingin sa Bitcoin partikular), ay dagdagan ang pundamental na halaga ng bawat barya o token sa paglipas ng panahon at lumikha ng halaga sa pamamagitan ng kakapusan.

Ano po ba ang volume ng bitcoin

Ang dami ng kalakalan, na kilala lamang bilang "dami," ay ang bilang ng mga barya o token na ipinagpalit sa loob ng isang tinukoy na frame ng oras. Ang dami ay maaaring magpakita ng relatibong kalusugan ng isang tiyak na barya o ng pangkalahatang merkado. Halimbawa, bilang ng pagsulat na ito, Bitcoin (BTC) ay may isang 24h volume ng $ 46 bilyon, habang Litecoin (LTC), sa loob ng parehong timeframe, traded $ 7 bilyon. Gayunman, ang bilang na ito mismo ay medyo arbitraryo; Ang isang standardized na paraan ng paghahambing sa loob ng dami ay ang ratio sa pagitan ng market cap at volume. Halimbawa, patuloy sa dalawang barya sa itaas, ang Bitcoin ay may market cap na $ 1.1 trilyon at isang dami ng 46 bilyon, ibig sabihin na ang 1 sa bawat 24 dolyar sa network ay ipinagpalit sa nakalipas na 24 na oras. Ang Litecoin ay may market cap na 16.7 bilyon at 24h volume na 7 bilyon, ibig sabihin na 1 dolyar sa bawat 2.3 sa network ay traded sa nakalipas na 24 na oras. Sa pamamagitan ng isang pag unawa sa dami, ang iba pang impormasyon tungkol sa isang barya, tulad ng katanyagan, pagkabagot, utility, at iba pa, ay maaaring mas maunawaan. Ang impormasyon sa dami ng Bitcoin at iba pang mga cryptocurrencies ay matatagpuan sa ibaba:

CoinMarketCap - coinmarketcap.com

CoinGecko – coingecko.com

Paano po ang pagmina ng bitcoin

Bitcoin ay minahan sa pamamagitan ng application ng nodes (nodes, upang recap, ay mga computer sa network). Ang mga node ay malutas ang mga kumplikadong problema sa hashing, at ang mga may ari ng mga node ay ginagantimpalaan nang naaayon sa dami ng trabaho (samakatuwid, patunay ng trabaho) na nakumpleto. Sa ganitong paraan, ang mga may ari ng mga node (tinatawag na minero) ay maaaring minahan ang Bitcoin.

Pwede po ba makakuha ng USD sa bitcoin

Oo! Sa tanong na direkta sa ibaba, malalaman mo ang tungkol sa mga pares. Ang mga pera ng Fiat ay maaaring i convert sa at sa labas ng Bitcoin sa pamamagitan ng isang pares ng fiat to crypto. Ang pares ng Bitcoin sa USD ay BTC / USD. Ang US dollars ang quote currency para sa Bitcoin at iba pang mga pera, na nangangahulugang USD ang sukatan kung saan inihahambing ang iba pang mga cryptocurrencies; ito ang dahilan kung bakit maaari mong sabihin "Bitcoin hit 50,000" habang bitcoin talagang lamang dumating sa isang halaga katumbas ng 50,000 US dollars.

Ano po ang bitcoin pair

Ang lahat ng mga cryptocurrencies ay nagpapatakbo sa mga pares. Ang isang pares ay isang kumbinasyon ng dalawang cryptocurrencies na nagbibigay daan para sa naturang cryptos na mapalitan. Ang isang BTC / ETH (crypto sa crypto) pares ay nagbibigay daan sa Bitcoin na mapalitan para sa Ethereum, at vice versa. Ang isang BTC / USD (crypto to fiat) pares ay nagbibigay daan sa Bitcoin upang palitan para sa US Dollar, at vice versa. Given ang malaking halaga ng mas maliit na cryptocurrencies, ang exchange market ay nakatuon sa paligid ng ilang mga malalaking cryptocurrencies na, sa turn, palitan sa anumang iba pa. Halimbawa, ang isang Celo (CGLD) sa Fetch.ai (FET) na pares ay maaaring hindi umiiral, ngunit ang isang CGLD / BTC at isang pares ng BTC / FET ay nagbibigay daan sa CGLD na ma convert sa FET. Upang ilagay ito nang simple, ang mga pares ay ang web na nag uugnay sa iba't ibang mga asset. Ang mga pares ay nagpapahintulot din para sa arbitrage, na kung saan ay kalakalan sa pagkakaiba sa mga presyo ng pares sa pagitan ng iba't ibang mga palitan at mga merkado.

Mas maganda ba ang Bitcoin kaysa Ethereum

Ang pangunahing pagkakaiba sa pagitan ng Bitcoin at Etherem ay ang halaga ng panukala. Ang Bitcoin ay nilikha bilang isang tindahan ng halaga, kamag anak sa isang digital na ginto, habang ang Ethereum ay gumaganap bilang isang platform kung saan ang mga desentralisadong aplikasyon (dApps) at mga smart contract ay nilikha (pinapatakbo ng ETH token at ang Solidity programming language). Dahil ang ETH ay kinakailangan upang magpatakbo ng dApps sa Ethereum blockchain, ang halaga ng ETH ay medyo nakatali sa utility. Sa isang pangungusap; Ang Bitcoin ay isang pera, samantalang ang Ethereum ay isang teknolohiya, at sa bagay na ito ang Ethereum ay hindi nilikha bilang isang kakumpitensya sa Bitcoin, ngunit sa halip ay upang madagdagan at bumuo kasama nito. Para dito, ang tanong kung alin ang mas mabuti ay tulad ng paghahambing ng mansanas sa isang ladrilyo; Parehong mahusay sa kung ano ang kanilang ginagawa at ang pagpili ng isa sa isa pa ay ang pagpili ng panukala sa halaga sa isa pa (halimbawa: kailangan namin ang mansanas para sa pagkain, ngunit ang brick upang lumikha ng tirahan), ang tanong na kung saan ay walang malinaw o napagkasunduan na sagot.

Pwede po ba bumili ng mga gamit sa bitcoin

Bitcoin ay kumakatawan sa isang ibinahaging kahulugan ng halaga; halaga ay maaaring transacted, at palitan para sa mga item ng katumbas o malapit katumbas na halaga, tulad ng anumang iba pang mga pera. Sa kabila nito, medyo mahirap o imposibleng direktang bilhin ang karamihan sa mga bagay na may Bitcoin (na sinabi, ang mga pagpipilian ay umiiral at mabilis na lumalawak). Siyempre, ang isa ay maaaring palaging lamang palitan ang Bitcoin para sa kanilang ibinigay na pera at gamitin ang pera upang bumili ng mga bagay, ngunit ang tanong ay nananatiling: bakit hindi mo pa magagamit ang Bitcoin upang bumili ng anumang mga item na kung hindi man ay babayaran mo sa iba pang mga digital na paraan ng pagbabayad Ang ganitong tanong ay kumplikado, ngunit karamihan ay may kinalaman sa katotohanan na ang itinatag na sistema ng mga pera na suportado ng pamahalaan ay nagtrabaho nang medyo sandali, habang ang mga cryptocurrencies ay bago at nagpapatakbo sa labas ng kontrol at impluwensya ng pamahalaan. Ang kasalukuyang mga uso ay tumuturo sa mga cryptocurrencies na nagsasama sa isang mahusay na lawak sa online (at sa ilang antas, offline) na mga nagtitingi, mamamakyaw, at independiyenteng nagbebenta (sa pamamagitan ng pagsasama sa mga processor ng pagbabayad, tulad ng Stripe, PayPal, Square, atbp). Na, Microsoft (sa Xbox store), Home Depot (sa pamamagitan ng Flexa), Starbucks (sa pamamagitan ng Bakkt), Whole Foods (sa pamamagitan ng Spedn), at maraming iba pang mga kumpanya ay tumatanggap ng Bitcoin; ang mga tipping point ay ang mga pangunahing online retailers na tumatanggap ng Bitcoin (Amazon, Walmart, Target, atbp) at ang punto kung saan ang mga pamahalaan ay alinman sa yakapin o itulak pabalik laban sa cryptocurrencies bilang isang paraan ng pagbabayad.

Ano po ba ang history ng bitcoin

Sa 1991, ang isang cryptographically secured chain ng mga bloke ay conceptualized sa unang pagkakataon. Halos isang dekada mamaya, sa 2000, Stegan Knost publish ang kanyang teorya sa cryptography secured chain, pati na rin ang mga ideya para sa praktikal na pagpapatupad at 8 taon pagkatapos na, Satoshi Nakamoto inilabas ng isang puting papel (isang puting papel pagiging isang masusing ulat at gabay) na itinatag ng isang modelo para sa isang blockchain. Noong 2009, ipinatupad ni Nakamoto ang unang blockchain, na ginamit bilang pampublikong ledger para sa mga transaksyon na ginawa gamit ang cryptocurrency na binuo niya, termed Bitcoin. Sa wakas, sa 2014, ang mga kaso ng paggamit para sa blockchain at blockchain network ay nagsimulang umunlad sa labas ng cryptocurrency, samakatuwid ay binubuksan ang mga posibilidad ng Bitcoin at blockchain sa mas malawak na mundo.

Paano po ba bumili ng bitcoin

Ang Bitcoin ay maaaring pangunahing mabili sa pamamagitan ng mga palitan at gaganapin, kasunod nito, sa palitan o sa isang wallet. Ang mga tanyag na palitan para sa mga gumagamit ng US at global ay nakalista sa ibaba:

US

Coinbase - coinbase.com (pinakamahusay para sa mga bagong mamumuhunan)

PayPal - paypal.com (madali para sa mga gumagamit na ng PayPal)

Binance US - binance.us (pinakamahusay para sa altcoins, advanced na mamumuhunan)

Bisq - bisq.network (desentralisado)

Global (hindi magagamit / limitadong pag andar sa US)

Binance - binance.com (pinakamahusay na pangkalahatang)

Huibo Global -huobi.com (karamihan sa mga handog)

7b - sevenb.io (madali)

Crypto.com - crypto.com (pinakamababang bayad)

Kapag ang isang account ay nilikha sa isang palitan, ang mga gumagamit ay maaaring ilipat fiat pera sa account upang bumili ng ninanais na cryptocurrencies.

Magandang investment ba ang bitcoin

Sa makasaysayang mga tuntunin, Bitcoin ay isa sa mga pinakamahusay na pamumuhunan ng nakaraang dekada ang compounded rate ng return ay tungkol sa 200% sa isang taon at $ 10 na inilagay sa Bitcoin sa 2010 ay nagkakahalaga ng $ 7.6 milyon ngayon (isang kamangha manghang 76,500,000% return on investment). Gayunpaman, ang mabilis na pagbabalik na nabuo ng Bitcoin sa nakaraan ay hindi maaaring mapanatili ang kanilang sarili nang walang hanggan, at ang tanong kung ang Bitcoin *ay magiging* isang magandang pamumuhunan ay isa pang isa nang buo. Sa pangkalahatan, ang mga katotohanan ay kasalukuyang gumagawa ng Bitcoin out upang maging isang magandang pangmatagalang hold, lalo na kung naniniwala ka sa accelerating trend ng desentralisasyon at blockchain. Iyon ay sinabi, ang isang bilang ng mga itim na swan kaganapan ay maaaring gawin matinding pinsala sa Bitcoin, at isang bilang ng mga kakumpitensya ay maaaring overtake Bitcoin spot. Ang tanong kung mamuhunan ay dapat na naka back up sa pamamagitan ng katotohanan, ngunit batay sa iyo: ang halaga ng panganib na handa mong gawin, ang halaga ng pera na kaya mo at handang makipagsapalaran, at iba pa. Kaya, nagsasaliksik ka ba, nag iisip nang makatuwiran hangga't maaari, at gumawa ng mga desisyon sa kalakalan na hindi mo pagsisisihan.

Babagsak ba ang bitcoin

Ang Bitcoin ay isang napaka cyclical asset at may posibilidad na regular na mag crash. Para sa mga pangmatagalang may hawak ng Bitcoin, ang mga flash crash at napapanatiling mga panahon ng oso ay napakalaki malamang. Ang Bitcoin ay bumagsak ng 80% o higit pa (isang bilang na itinuturing na mapaminsalang sa iba pang mga merkado) tatlong magkakaibang beses mula noong 2012; sa lahat ng pangyayari, mabilis itong nagbounce pabalik. Ang lahat ng ito ay bahagyang dahil ang Bitcoin ay nasa phase pa rin ng pagtuklas ng presyo nito at mabilis na lumalaki sa mga tuntunin ng pag aampon, kaya ang volatility ay tumatakbo nang laganap. Sa buod; makasaysayang nagsasalita, habang Bitcoin walang alinlangan ay crash, ito rin ay walang alinlangan na mabawi.

Ano po ba ang PoW system ng bitcoin

Ang isang algorithm ng PoW ay ginagamit upang kumpirmahin ang mga transaksyon at lumikha ng mga bagong bloke sa isang naibigay na blockchain. Ang PoW, na nangangahulugang Patunay ng trabaho, ay literal na nangangahulugang ang trabaho (sa pamamagitan ng mga equation ng matematika) ay kinakailangan upang lumikha ng mga bloke. Ang mga taong gumagawa ng gawain ay mga minero, at ang mga minero ay ginagantimpalaan para sa kanilang pagsisikap sa computational sa pamamagitan ng equity.

Ano po ba ang bitcoin halving

Ang Halving ay isang mekanismo ng supply na namamahala sa rate kung saan ang mga barya ay idinagdag sa isang cryptocurrency na nakapirming supply. Ang ideya at proseso ay popularized sa pamamagitan ng Bitcoin, na halves bawat 4 na taon. Ang halving ay nakatakda sa paggalaw sa pamamagitan ng nakaprogramang pagbabawas ng mga gantimpala sa pagmimina; block rewards ay ang mga gantimpala na ibinigay sa mga minero (talagang, ang mga computer) na proseso at pagpapatunay ng mga transaksyon sa isang naibigay na blockchain network. Mula 2016 hanggang 2020, ang lahat ng mga computer (tinatawag na mga node) sa network ng Bitcoin kolektibong kumita ng 12.5 Bitcoin bawat 10 minuto, at iyon ang bilang ng mga Bitcoins na pumapasok sa sirkulasyon. Gayunpaman, kasunod ng Mayo 11th, 2020, ang mga gantimpala ay bumaba sa 6.25 Bitcoin bawat parehong timeframe. Sa ganitong paraan, para sa bawat 210,000 bloke na minahan, na katumbas ng humigit kumulang bawat apat na taon, ang mga gantimpala ng block ay patuloy na kalahati hanggang sa max limit ng 21 milyong barya ay naabot sa paligid ng taon 2040. Kaya, ang halving ay malamang na dagdagan ang halaga ng Bitcoin at iba pang mga cryptocurrencies sa pamamagitan ng pagbaba ng supply habang hindi binabago ang demand. Ang kakapusan, tulad ng nabanggit, ay nagtutulak ng halaga, at limitadong supply na pinagsama sa lumalaking demand ay lumilikha ng mas malaki at mas malaking kakulangan. Para sa kadahilanang ito, halving ay makasaysayang hinihimok ang presyo ng Bitcoin up at malamang na maging isang pangmatagalang paglago katalista. Figure credit sa medium.com.

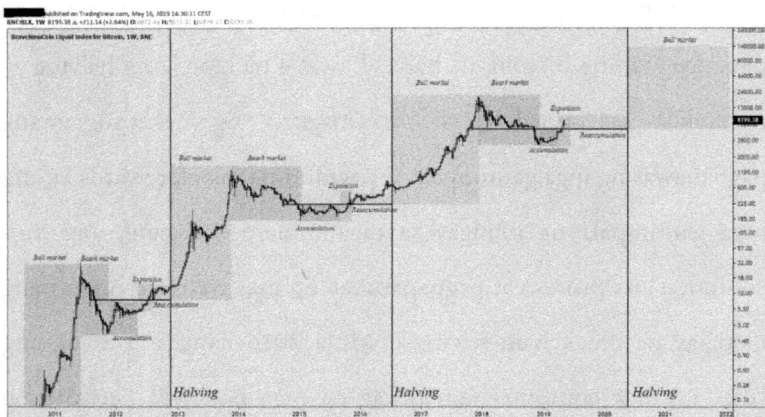

---

[25]https://medium.com/coinmonks/how-the-bitcoin-halving-impacts-bitcoins-price-ac7ba87706f1

Bakit ba volatile ang bitcoin

Ang Bitcoin ay nasa "price discovery phase" pa rin ibig sabihin ang merkado ay lumalaki nang napakabilis na ang tunay na halaga ng Bitcoin ay nananatiling hindi kilala. Samakatuwid, perceived halaga ay nagpapatakbo ng merkado (furthered sa pamamagitan ng kakulangan ng anumang organisasyon upang pamahalaan ang Bitcoin pagkasumpungin) at perceived halaga ay napakadaling apektado ng balita, tsismis, at iba pa. Sa kalaunan, Bitcoin ay magiging mas mababa volatile, ngunit ito ay maaaring tiyak na tumagal ng lubos ng isang habang.

Dapat ba akong mag invest sa bitcoin

Ang tanong kung dapat ka bang mamuhunan sa Bitcoin ay hindi lamang isang bagay ng Bitcoin, ngunit sa iyo. Bitcoin ay nagdadala ng isang likas na panganib, pagiging isang haka haka at volatile asset, at habang ang potensyal na upside ay napakalaking, ang double talim tabak ng panganib at gantimpala ay dapat na panatilihin sa isip. Ang pinakamahusay na bagay na maaari mong gawin ay upang malaman hangga't maaari tungkol sa Bitcoin, cryptocurrencies, at blockchain (pati na rin ang mga trend sa naturang mga paksa at mga pag unlad sa tunay na mundo), at mesh na impormasyon sa iyong panganib tolerance, pinansiyal na sitwasyon, at kung ano ang iba pang mga variable ay maaaring makaapekto sa iyong desisyon sa pamumuhunan.

Paano ako matagumpay na mamuhunan sa Bitcoin?

Ang 5 panuntunan na ito ay makakatulong sa iyo na matagumpay na mamuhunan sa Bitcoin, ang pagiging na pera at kalakalan ay emosyonal na karanasan:

❖ Walang tumatagal magpakailanman

❖ No would have, should've, coulda

❖ Huwag maging emosyonal

❖ Mag-iba-iba

❖ Hindi mahalaga ang mga presyo

Walang tumatagal Magpakailanman

Bilang ng pagsulat na ito sa unang bahagi ng 2021, ang merkado ng crypto ay nasa isang bula. Ito ay sinabi bilang isang crypto optimist. Ang mga hindi kapani-paniwala na pagbabalik ng mga tao ay ginagawa at ang napakagandang uptrend ng halos lahat ng barya ay hindi napapanatiling; Kung ito ay nagpapanatili up magpakailanman, sinuman ay maaaring maglagay ng pera sa anumang bagay at i on ang isang napakalaking kita. Hindi ito nangangahulugan na ang merkado ay magiging zero o na ang mga konsepto na nagtutulak ng paglago ay mabibigo; Ginagawa ko lang ang kaso na, sa ilang mga punto, ang napakalaking paglago ay mabagal. Ito ay maaaring mabagal at unti unti, o mabilis, tulad ng sa kaso ng isang mabilis na pag crash. Sa kasaysayan, ang Bitcoin ay nagpapatakbo sa pamamagitan ng mga cycle na nagsasangkot ng napakalaking bull run, ang pinakamalaking kung saan naganap sa huli 2017, Marso hanggang Hulyo ng 2019, at muli mula Nobyembre ng 2020 hanggang sa oras ng pagsulat na ito, Abril 2021. Sa nabanggit na bull tumatakbo, ayon sa pagkakabanggit, Bitcoin nagpunta up humigit kumulang 15x (2017), 3x (2019), at ngayon, sa kasalukuyang bull run, 10x at pagbibilang. Sa isang nakaraang kaso kung saan ang Bitcoin ay umakyat ng higit sa 15x, ang mas mahusay na bahagi ng sumusunod na taon ay pagkatapos ay ginugol ang pag crash mula sa 20k hanggang 4k. Sinusuportahan nito ang ideya ng mga nabanggit na cycle ng Bitcoin, na unang magkaroon ng isang napakalaking uptrend, at pagkatapos ay bumagsak sa mas mataas na lows. Nangangahulugan ito ng ilang mga bagay: isa, ito ay isang magandang taya upang i hold kung Bitcoin ay pag crash. Dalawa, kung ang Bitcoin at ang merkado ng crypto ay tumataas habang binabasa mo ito, malamang na bababa ito sa ilang punto sa susunod na ilang taon. Kung ito ay bumababa habang binabasa mo ito, malamang na tumaas ito sa isang tunay na napakalaking paraan sa susunod na ilang taon. Siyempre, ang ecosystem ng merkado ay may pananagutan na magbago, ngunit ito ang eksaktong punto na gagawin. Sa pag aakala na ang mga cryptocurrencies ay umaabot sa mass adoption at nagiging isang mahalagang bahagi ng lahat ng aspeto ng pera, negosyo, at pangkalahatang buhay, *ito ay kailangang patatagin* sa ilang mga punto. Ang puntong iyan ay maaaring sa 2021, 2023, o 2030. Malamang na ito ay bumagsak at tumaas nang maraming beses bago steadying sa isang medyo hindi gaanong volatile market, hindi bababa sa may kaugnayan sa dating sarili nito.

No would have, should've, coulda

Ang panuntunan na ito ay kinuha mula sa isang popular at maalamat na stock trader at host ng palabas na *Mad Money*, Jim Cramer. Ang konseptong ito ay gumagana sa lahat ng mga pamumuhunan, hindi upang banggitin sa lahat ng mga larangan ng buhay, at mga ugnayan sa upang mamuno sa #31. Ang ideya ay kinakatawan sa pamamagitan ng hindi magkaroon, walang dapat, at walang could've. Nangangahulugan ito na kung hindi maganda ang iyong kalakalan, mag-isip ng ilang minuto kung paano ka matututo mula rito at mapagbubuti ito; Tapos, pagkatapos ng ilang minutong iyon, huwag mong isipin kung ano *ang gagawin* mo, kung ano ang *dapat* mong gawin, o kung ano ang *maaari mong* gawin. Ito ay magbibigay daan sa iyo upang matuto at mapabuti habang sabay sabay na pinapanatili ang katinuan, dahil, sa pagtatapos ng araw, palagi mong maaaring gawin ito nang mas mahusay. Huwag mong bugbugin ang sarili mo tungkol sa mga talo at huwag hayaang makarating sa ulo mo ang mga panalo.

Huwag Maging Emosyonal

Emosyon ang antithesis ng technical trading. Ang teknikal na kalakalan ay nagbabase ng kasalukuyan at hinaharap na pagkilos sa makasaysayang data at, nakakalungkot, ang merkado ay hindi nagmamalasakit kung ano ang nararamdaman mo. Ang emosyon, mas madalas kaysa sa hindi ("hindi" dahil lamang sa random na pangyayari ng paggawa ng isang mahusay na desisyon sa pamamagitan ng isang masamang proseso) ay sasaktan ka lamang at aalisin mula sa mga diskarte sa kalakalan na iyong binuo. Ang ilang tao ay likas na komportable sa panganib at emosyonal na rollercoaster ng kalakalan; Kung hindi ka, maaari mong isaalang alang ang pag aaral tungkol sa sikolohiya ng kalakalan (dahil ang pag unawa sa emosyon ay isang hinalinhan sa pagtanggap, katwiran, at kontrol) at sa pamamagitan lamang ng pagbibigay ng oras sa iyong sarili. Ang pundamental na pagsusuri at kalagitnaan hanggang pangmatagalang kalakalan ay nangangailangan pa rin ng lahat ng ito, ngunit sa mas mababang antas.

Mag-iba-iba

Diversification counters panganib. At, tulad ng alam natin, ang crypto ay mapanganib. Habang ang sinumang namumuhunan sa cryptocurrencies ay parehong nagpapalagay at malamang na naghahanap ng isang tiyak na antas ng panganib (dahil sa prinsipyo ng risk-return tradeoff), mayroon kang (marahil) isang tiyak na antas ng panganib na hindi ka komportable. Diversification ay tumutulong sa iyo na manatili sa loob ng maximum na load ng panganib na iyon. Habang hindi ako makapagsalita sa iyong natatanging sitwasyon, inirerekumenda ko sa anumang mamumuhunan ng crypto na mapanatili ang isang medyo sari saring portfolio, gaano man karami ang pinaniniwalaan mo sa isang proyekto. Ang paglalaan ng pondo ay dapat (karaniwang) hatiin sa pagitan ng Bitcoin, Etherium o ETH alternatibo (tulad ng Cardano, BNB, atbp) at iba't ibang mga altcoins, kasama ang ilang cash. Habang ang eksaktong porsyento ay nag iiba depende sa indibidwal na sitwasyon (35/25/30/10, 60/25/10/5, 20/20/40/20, atbp), karamihan sa mga propesyonal ay sumang ayon na ito ang pinaka napapanatiling paraan upang mamuhunan, makuha ang mga nadagdag sa buong merkado, at ibaba ang mga pagkakataon na mawalan ng isang malaking porsyento ng iyong portfolio dahil sa isa o ilang maling desisyon. Gayunpaman, ang lahat ng sinabi, ang ilang mga mamumuhunan ay naglalagay lamang ng pera sa isa o dalawang nangungunang 50 cryptos at inilagay ang karamihan ng kanilang pera sa mga altcoin na may maliit na cap. Sa pagtatapos ng araw, magtatag ng isang diskarte na umaangkop sa iyong sitwasyon, mga mapagkukunan, at personalidad, at pagkatapos ay mag iba iba sa loob ng mga hangganan ng diskarte na iyon.

Hindi mahalaga ang presyo

Presyo ay higit sa lahat walang kaugnayan dahil supply at paunang presyo ay maaaring parehong itakda. Dahil ang Binance Coin (BNB) ay nasa $500 at ang Ripple (XRP) ay nasa $1.80 ay hindi nangangahulugan na ang XRP ay nagkakahalaga ng 277x BNB; Sa katunayan, ang dalawang barya ay kasalukuyang nasa loob ng 10% ng market cap ng bawat isa. Kapag ang isang cryptocurrency ay unang nilikha, ang supply ay itinakda ng koponan sa likod ng asset; Maaaring piliin ng koponan na lumikha ng 1 trilyong barya, o 10 milyon. Kaya, pagtingin pabalik sa XRP at BNB, maaari naming makita na ang Ripple ay humigit kumulang na 45 bilyong barya sa sirkulasyon at Binance Coin ay may 150 milyon. Sa ganitong paraan, ang presyo ay hindi talaga mahalaga. Ang isang barya sa $0.0003 ay maaaring nagkakahalaga ng higit sa isang barya sa $10,000 sa mga tuntunin ng market cap, circulating supply, dami, mga gumagamit, utility, atbp. Mahalaga ang presyo kahit na mas mababa dahil sa fractional shares, na hinahayaan ang mga mamumuhunan na mamuhunan ng anumang halaga ng pera sa isang barya o token anuman ang presyo. Maraming iba pang mga sukatan ay mas mahalaga at dapat isaalang alang na rin bago presyo. Iyon ay sinabi, ang mga presyo ay maaaring makaapekto sa pagkilos ng presyo bilang isang resulta ng sikolohiya. Halimbawa: Ang Bitcoin ay may malakas na paglaban sa $ 50,000 at ang karamihan sa paglaban na ito ay maaaring nagmula sa katotohanan na ang $ 50,000 ay isang maganda, bilog na numero na maraming tao ang maglalagay ng mga order ng buy at magbenta ng mga order. Sa pamamagitan ng mga sitwasyon tulad nito at iba pa, ang sikolohiya ay isang mabubuhay na bahagi ng pagkilos ng presyo at, samakatuwid, pagsusuri.

May intrinsic value ba ang bitcoin

Hindi, ang Bitcoin ay walang intrinsic value. Walang anumang bagay tungkol sa Bitcoin ang nangangailangan na ito ay may halaga; sa halip, ang halaga ay nabuo ng gumagamit. Gayunpaman, sa pamamagitan ng naturang kahulugan, ang lahat ng mga pera ng mundo na hindi suportado ng isang ginto o pilak na pamantayan ay wala ring intrinsic na halaga (maliban sa paggamit ng materyal, na walang kabuluhan). Kaya, sa isang kahulugan, ang lahat ng pera lamang ay may anumang antas ng halaga dahil sumasang ayon kami na ginagawa nito, at ang anumang mga argumento laban o para sa paggamit ng Bitcoin dahil sa kakulangan nito ng intrinsic na halaga ay dapat ding ilapat sa mga fiat na pera.

Nakakakuha ba ng buwis ang Bitcoin

Tulad ng kasabihan, hindi namin maiiwasan ang mga buwis, at ang naturang ideya ay tiyak na nalalapat sa cryptocurrency sa kabila ng tila hindi nagpapakilala at hindi regulated na kalikasan ng industriya. Para sa pinakatumpak na impormasyon, dapat mong bisitahin ang website ng iyong organisasyon sa pagkolekta ng buwis upang malaman ang higit pa tungkol sa digital currency tax sa iyong bansa. Iyon ay sinabi, ang sumusunod na impormasyon ay naglalagay ng isang spotlight sa mga patakaran na itinakda ng US:

- Noong 2014, ipinahayag ng IRS na ang mga virtual currency ay pag-aari, hindi pera.

- Kung ang mga cryptocurrencies ay natanggap bilang pagbabayad para sa mga kalakal o serbisyo, ang makatarungang halaga ng merkado (sa USD) ay kailangang buwisan bilang kita.

- Kung mahigit isang taon kang may hawak na barya o token, ito ay nauuri bilang long term gain, at kung binili at ibinebenta mo ito sa loob ng isang taon, ito ay panandaliang pakinabang. Ang panandaliang mga nadagdag ay napapailalim sa mas mataas na buwis kaysa sa pangmatagalang mga pakinabang.

• Ang kita mula sa pagmimina ng mga virtual na pera ay itinuturing na self-employment income (pagpapalagay na ang ibinigay na indibidwal ay hindi empleyado) at napapailalim sa self-employment tax ayon sa makatarungang katumbas na halaga ng mga digital na pera sa USD. Hanggang sa $3,000 ng mga pagkalugi ay maaaring makilala.

• Kapag ibinebenta ang mga digital na pera, ang kita o pagkalugi ay napapailalim sa buwis sa capital gains (dahil ang mga digital na pera ay itinuturing na ari-arian) tulad ng kung ang isang stock ay naibenta.

24/7 ba ang trade ng bitcoin

Bitcoin ay nagpapatakbo ng 24/7. Ito, sa malaking bahagi, ay dahil sa ang katunayan na ito ay sinadya upang magamit ang lahat sa buong mundo, bilang isang tunay na intercontinental tool, at ibinigay na mga time zone, anumang bagay ngunit 24/7 operasyon ay hindi matugunan ang pamantayan na iyon. Mayroon ding lamang ay hindi anumang insentibo upang hindi gawin ito.

Gumagamit ba ng fossil fuels ang bitcoin

Oo, ang Bitcoin ay gumagamit ng mga patlang ng fossil. Sa katunayan, maraming mga planta ng kuryente ng fossil fuel ang nakahanap ng bagong buhay sa pagbibigay ng kapangyarihan na kinakailangan upang minahan ang mga cryptocurrencies. Bitcoin ay gumagamit ng tungkol sa mas maraming kapangyarihan bilang isang maliit na bansa pulos sa pamamagitan ng computational kinakailangan, katumbas ng tungkol sa 0.55% ng pandaigdigang produksyon ng kuryente. Malinaw, ang mga gumagamit ng Bitcoin at mga minero ay hindi nais na gumamit ng fossil fuels at ang isang paglipat sa mga renewable na mapagkukunan ng enerhiya ay isang pangunahing layunin, ngunit ang parehong ay maaaring sinabi tungkol sa pagmamaneho ng mga kotse na pinalakas ng gas at ang napakaraming iba pang mga pang araw araw na gawain na kumonsumo ng mas maraming fossil fuel kaysa sa Bitcoin. Ang problema ay talagang naiisip; ang mga taong nakikita ang Bitcoin bilang isang pioneering force sa mundo na tumutulong sa mga tao sa hindi matatag na pinansiyal na ecosystem at nagbibigay daan sa mas malaking seguridad at privacy sa mga transaksyon ay hindi mag aalala sa pamamagitan ng isang 0.55% global na paggamit ng enerhiya (lalo na ibinigay ang pangako ng isang pangmatagalang paglipat sa malinis na enerhiya), habang ang mga taong tiningnan ang Bitcoin bilang walang halaga o isang scam ay malamang na pakiramdam eksakto ang kabaligtaran. Dapat tandaan na ang ilang mga alternatibong cryptocurrency ay mas mababa carbon-intensive kaysa sa Bitcoin (Cardano, ADA), carbon-neutral (Bitgreen, BITG), o carbon-negative (eGold, EGLD).

Tatamaan ba ng 100k ang bitcoin

Ang Bitcoin ay malamang na tumama sa $ 100,000 bawat barya. Hindi ito nangangahulugan na mangyayari ito sa lalong madaling panahon, o na ito ay isang tiyak na bagay; lamang na data sa deflationary likas na katangian ng Bitcoin, makasaysayang returns, pag aampon trend (kung interesado ka, pananaliksik ang "S" curve sa teknolohiya), at fiat inflation render ng isang pagtaas ng presyo sa $ 100,000 bilang malamang. Ang mahalagang tanong ay hindi kung ito ay pindutin ang $ 100,000, ngunit kapag ito ay pindutin ang $ 100,000. Karamihan sa gayong mga pagtatantya ay, sa pinakamahusay, edukadong haka haka.

1 million ba ang tatamaan ng bitcoin

Hindi tulad ng $ 100,000, ang pagpindot ng Bitcoin ng $ 1 milyon ay nangangailangan ng ilang malubhang sukat. Ang CEO ng eToro Iqbal Grandha ay nagsabi na ang Bitcoin ay hindi matutupad ang potensyal nito hanggang sa ito ay nagkakahalaga ng 1 milyon bawat barya, dahil sa oras na iyon ang bawat Satoshi (na kung saan ay ang pinakamaliit na dibisyon Bitcoin ay maaaring hatiin sa) ay nagkakahalaga ng 1 sentimo. Given ekonomiya ng scale at ang potensyal para sa pandaigdigang mass adoption (sa naturang kaso, bitcoin ay kumilos bilang isang unibersal na reserba ng pera), ito ay posible na ang presyo ay maaaring pindutin ang $ 1 milyon. Gayunpaman, ang isa pang cryptocurrency ay maaaring kasing dali ng pagkuha ng lugar na ito, pati na rin ang mga stablecoins o digital na pera na suportado ng gobyerno. Sa kumbinasyon, dapat pansinin na ang mga pera ng fiat ay inflationary, at ang Bitcoin ay deflationary. Ang dynamic na presyong ito ay nag-render ng $ 1 milyon na mas malamang sa pangmatagalang. Sa huli, gayunpaman, ito ay hulaan ng sinuman kung ano ang dapat mangyari, at ang isang 1 milyon bawat barya na pagpapahalaga ay nananatiling haka haka.

Tataas pa ba ng ganito kabilis ang bitcoin

Hindi. Ito ay lubos na literal na imposible. Bitcoin ay nagbalik mamumuhunan halos 200%[26] bawat taon para sa nakaraang 10 taon, na gumagana out sa isang 5.2 milyong porsiyento return sa paglipas ng dekada. Given ang market cap ng Bitcoin sa oras ng pagsulat na ito, isang napapanatiling compounded pagtaas ng 200% ay overrun ang buong monetary supply ng mundo sa 4 5 taon. Kaya, habang ito ay ganap na posible na Bitcoin ay panatilihin ang pagpunta up, ang kasalukuyang rate ng paglago ay lubhang hindi napapanatiling. Sa pangmatagalang, ang paglago ay dapat na patag at ang volatility ay malamang na mabawasan.

---

[26] 196.7%, ayon sa kinakalkula ng CaseBitcoin

Ano po ba ang bitcoin forks

Ang tinidor ay ang paglitaw ng isang bagong blockchain na nilikha mula sa isa pang blockchain. Ang Bitcoin ay nagkaroon ng 105 forks, ang pinakamalaking kung saan ay ang kasalukuyang Bitcoin Cash. Ang mga tinidor ay nangyayari kapag ang isang algorithm ay nahati sa dalawang magkaibang bersyon. Dalawang uri ng tinidor ang umiiral. Ang hard fork ay isang tinidor na nangyayari kapag ang lahat ng node sa network ay nag-upgrade sa mas bagong bersyon ng blockchain at iniwan ang lumang bersyon; Dalawang landas ang pagkatapos ay nilikha: ang bagong bersyon at ang lumang bersyon. Ikinukumpara ito ng isang malambot na tinidor sa pamamagitan ng pag-render ng lumang network na hindi wasto; Nagreresulta ito sa isang blockchain lamang.

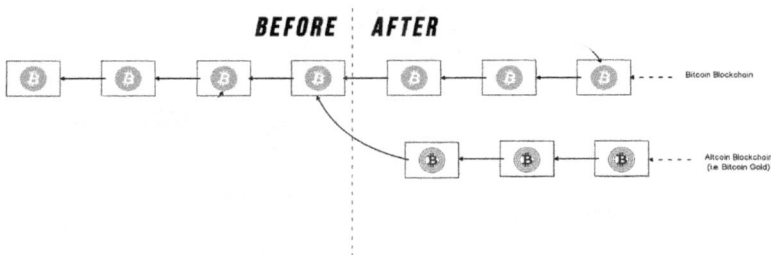

27

Bakit nga ba nag fluctuate ang bitcoin

Tulad ng sa stock market, tumataas at bumababa ang presyo ayon sa demand at supply. Ang demand at supply, naman, ay apektado ng gastos ng paggawa ng isang bitcoin sa blockchain, balita, kakumpitensya, panloob na pamamahala, at mga balyena (malaking may hawak). Para sa impormasyon kung bakit bitcoin ay bilang pabagu bago bilang ito ay, mangyaring sumangguni sa ang karamihan ng iba pang mga katanungan sa paksa.

Paano gumagana ang mga wallet ng Bitcoin?

Ang isang crypto wallet ay ang interface na ginagamit upang pamahalaan ang mga crypto holdings. Coinbase wallet at Exodo ay karaniwang wallets. Ang isang account, sa turn, ay isang pares ng mga pampubliko at pribadong mga susi mula sa kung saan maaari mong kontrolin ang iyong mga pondo, na kung saan ay naka imbak sa blockchain. Sa madaling sabi, ang mga wallet ay mga account na nag iimbak ng iyong mga hawak para sa iyo, tulad ng isang bangko.

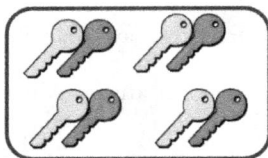

*Ang mga wallet ay walang barya. Ang mga wallet ay naglalaman ng mga pares ng pribado at pampublikong mga susi, na nagbibigay ng access sa mga hawak.

Gumagana ba ang Bitcoin sa lahat ng mga bansa

Ang Bitcoin ay isang desentralisadong network ng mga computer; Ang lahat ng mga address ay hindi mai block at samakatuwid ay naa access kahit saan na may koneksyon sa web. Sa mga bansa kung saan ang Bitcoin ay ilegal (ang pinakamalaking kung saan ay China at Russia), ang lahat ng pamahalaan ay maaaring gawin ay i crack down sa imprastraktura (partikular na pagmimina sakahan) at paggamit ng Bitcoin. Sa mga lugar tulad ng Russia, ang Bitcoin ay hindi aktwal na regulated, sa halip, ang paggamit ng Bitcoin bilang pagbabayad para sa mga kalakal at serbisyo ay ilegal. Karamihan sa iba pang mga bansa ay sumusunod sa modelong ito, dahil, muli, ang pag block ng Bitcoin mismo ay imposible. Sa katunayan, ang SEC ni Hester Peirce ay nakasaad na "mga pamahalaan ay magiging kalokohan upang ipagbawal ang Bitcoin." Given ito, ang konklusyon ay maaaring gawin na Bitcoin gumagana sa lahat ng mga bansa, bagaman sa isang piling ilang ito ay ilegal na pagmamay ari o gamitin ang barya.

Ilan po ba ang bitcoin

Ang pinakamahusay na pagtatantya[29] ay kasalukuyang naglalagay ng bilang sa tungkol sa 100 milyong mga may hawak ng pandaigdigang, na account para sa humigit kumulang 1 sa bawat 55 matatanda. Iyon ay sinabi, ang tunay na bilang ay hindi malalaman, na ibinigay ang hindi nagpapakilalang kalikasan ng mga network ng crypto. Maaari itong sabihin na ang paglago ng gumagamit ay nasa mataas na dobleng digit, ang Bitcoin ay may ilang daang libong mga transaksyon bawat araw, 2+ bilyong tao ang narinig ng Bitcoin, at tungkol sa kalahating bilyong mga address ng Bitcoin ang umiiral sa kabuuan.

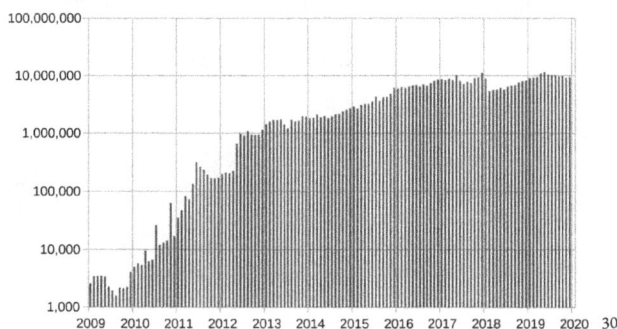

*Bilang ng mga transaksyon sa Bitcoin bawat buwan, mula 2020.

29 buybitcoinworldwide.com
30 Ladislav Mecir / CC BY-SA 4.0

Sino ba ang may pinakamaraming bitcoin

Ang mahiwagang tagapagtatag ng Bitcoin, si Satoshi Nakamoto, ay nagmamay ari ng pinaka Bitcoin. Hawak niya ang 1.1 milyong BTC sa maraming mga wallet, na nagbibigay sa kanya ng isang net worth sa sampu sampung bilyon. Kung ang Bitcoins ay tumama sa $ 180,000, si Satoshi Nakamoto ay magiging pinakamayamang tao sa Earth. Kasunod ng Satoshi Nakamoto, ang Winklevoss twins at iba't ibang mga ahensya ng pagpapapatupad ng batas ay ang pinakamalaking may hawak (ang FBI ay naging isa sa mga pinakamalaking may hawak ng Bitcoin pagkatapos ng pag agaw ng mga ari arian ng Silk Road, isang internet blak market shut down sa 2013).

Pwede po ba mag trade ng bitcoin sa mga algorithm

Upang sagutin ang tanong na ito, isasama ko ang isang sipi mula sa isa pang isa sa aking mga libro tungkol sa Cryptocurrency Technical Analysis. Sinasaklaw nito ang lahat ng mga base at sumasakop sa higit sa ilang mga pahina, kaya kung naghahanap ka ng isang maikling sagot sasabihin ko na maaari mong, ngunit mahirap.

Ang algorithmic trading ay ang sining ng pagkuha ng computer upang kumita ng pera para sa iyo. O, at least, yun ang goal. Ang mga negosyante ng Algo, tulad ng argo napupunta, ay nagtatangkang tukuyin ang isang hanay ng mga patakaran na, kung gagamitin bilang isang pundasyon upang makipagkalakalan, ay lumiliko ng isang kita. Kapag ang mga patakaran na ito ay pinili at nag trigger, code ay magpapatupad ng isang order. Halimbawa: sabihin mong mahilig ka sa kalakalan sa exponential moving average crossovers (EMA's). Tuwing nakikita mo ang 12 araw na EMA ng Bitcoin na pumasa sa 50 araw na EMA, mamuhunan ka ng 0.01 bitcoin. Pagkatapos, karaniwan kang nagbebenta kapag nakagawa ka ng 5% na kita o, kung hindi ito gumagana, pinutol mo ang iyong mga pagkalugi sa 5%. Magiging napakadaling i convert ang ginustong diskarte sa kalakalan na ito sa mga patakaran sa pangangalakal ng algorithmic. Gusto mong code ng isang algorithm na subaybayan ang lahat ng data ng Bitcoin, mamuhunan ang iyong 0.01 bitcoin sa panahon ng iyong ginustong EMA crossover, at pagkatapos ay magbenta sa alinman sa isang 5% kita o isang 5% pagkawala. Ang algorithm na ito ay tatakbo para sa iyo habang natutulog ka, habang kumakain ka, literal na 24/7 o sa isang oras na itinakda mo. Dahil ito ay nakikipagkalakalan lamang nang eksakto ayon sa itinakda mo; Sobrang komportable ka sa risk. Kahit na ang algorithm ay gumagana lamang 51 sa bawat 100 trades, ikaw technically ay lumiliko ng isang kita at maaaring lamang magpatuloy magpakailanman nang hindi naglalagay sa anumang trabaho. O, maaari kang kumonsulta sa higit pang data at pagbutihin ang iyong algorithm upang gumana nang 55/100 beses, o 70/100. Makalipas ang sampung taon, ikaw ngayon ay isang multi trillionaire na kumikita ng pera bawat segundo ng bawat araw habang humihigop ka ng tropikal na katas sa isang maaraw na beach.

Nakakalungkot, hindi ito ganoon kadali, ngunit iyon ang konsepto ng algorithmic trading. Ang talagang magandang haka haka na aspeto ng kalakalan sa isang makina ay ang kisame ng kita ay praktikal na walang hangganan (o, sa pinaka hindi bababa sa, napakalaking scaleable). Isaalang alang ang sumusunod na tsart. Ito ay isang visualization ng isang algorithm na trades 200 beses bawat araw kung ang ilang mga kondisyon ay natutugunan. Ang algorithm ay lalabas sa posisyon alinman sa isang 5% na kita o isang 5% na pagkawala, tulad ng sa halimbawa sa itaas. Ipagpalagay natin na binibigyan mo ang algorithm ng $ 10,000 upang gumana at 100% ng portfolio ay inilalagay sa bawat kalakalan. Ang Red ay nangangahulugan ng isang hindi kapaki pakinabang na kalakalan (isang 5% na pagkawala) at ang berde ay nangangahulugan ng isang mahusay na kalakalan, isang 5% na pakinabang.

Tulad ng bawat tsart, ang algorithm na ito ay tama lamang 51% ng oras. Sa minutong ito ng karamihan, ang isang $10,000 na pamumuhunan ay magiging $11,025 sa loob lamang ng isang araw, $186,791.86 sa loob ng 30 araw, at, pagkatapos ng isang buong taon ng pangangalakal, ang resulta ay magiging $29,389,237,672,608,055,000. Iyan ay 29 quintillion dollars, na humigit kumulang 783 beses na mas malaki kaysa sa kabuuang halaga ng bawat solong US dollar sa sirkulasyon. Obviously, hindi gagana yun. Gayunpaman, ipagpalagay natin ngayon na ang algorithm, na ibinigay ang parehong mga patakaran, ay gumagawa ng isang kumikitang kalakalan lamang 50.1% ng oras, na nangangahulugang 1 dagdag na kapaki pakinabang na kalakalan sa bawat 1,000. Pagkatapos ng 1 taon, ang algorithm na ito ay magiging $10,000 sa $14,400. Pagkatapos ng 10 taon, wala pang 400,000, at pagkatapos ng 50 taon, $835,437,561,881.32. Iyan ay 835 bilyong dolyar (suriin ito para sa iyong sarili sa Moneychimp ng compound interest calculator)

Mukhang medyo madali lang ito. Gamitin lamang ang makasaysayang data upang subukan ang mga algorithm hanggang sa makahanap ka ng isa na hindi bababa sa 50.1% na kumikita, makakuha ng $ 10k, at ang iyong mga anak ay magiging trilyonaryo. Nakakalungkot, hindi ito gumagana, at narito ang ilan sa mga hamon na nahaharap sa mga mangangalakal ng algorithmic:

Mga Mali

Ang pinaka halatang hamon ay ang paglikha ng isang algorithm na walang error. Maraming mga serbisyo ngayon ang ginagawang mas madali ang proseso at hindi nangangailangan ng mas maraming karanasan sa coding, ngunit ang ilan ay nangangailangan pa rin ng ilang antas ng kakayahan sa coding at ang natitira ay isang antas ng teknikal na kaalaman. Tulad ng sigurado akong naiisip mo, ang anumang maling hakbang sa paglikha ng algorithm ay maaaring magresulta sa game over.* Kaya naman hindi mo dapat i-code ito sa iyong sarili, maliban kung talagang marunong kang mag-code, kung saan marahil dapat ka pa ring kumunsulta sa isang kaibigan!

Hindi mahuhulaan na Data

Tulad ng sa teknikal na pagsusuri sa kabuuan, ang pag asa na ang mga makasaysayang pattern ay malamang na ulitin ay ang pundasyon kung saan nakasalalay ang algorithmic trading. Black Swan kaganapan * at hindi mahuhulaan kadahilanan, tulad ng balita, pandaigdigang krisis, quarterly ulat, at iba pa, ang lahat ay maaaring magtapon ng isang algorithm off at render ng isang nakaraang diskarte hindi kapaki pakinabang.

Kakulangan ng kakayahang umangkop

Ang hamon ng hindi mahuhulaan na data ay sinamahan ng isang kawalan ng kakayahan upang umangkop sa mga pangyayari na ibinigay bago, kontekstwal na data. Sa ganitong paraan, maaaring kailanganin ang mga manu manong pag update. Ang solusyon sa problemang ito ay malinaw na AI na natututo, nagpapabuti, at nagsusubok, ngunit ito ay malayo sa katotohanan at, kung ito ay nagtrabaho, marahil ay hindi magiging lahat ng mabuti para sa merkado, dahil ang ilang mga maimpluwensyang manlalaro ay maaaring simpleng gawing pera ito para sa kanilang sariling paggamit (na ibinigay na ito ay magiging isang literal na makina ng pag print ng pera) o ibahagi ito sa lahat, kung saan ang hamon sa pagsira sa sarili (sa ibaba) ay nalalapat.

Slippage, volatility, at flash crashes.
Dahil ang mga algorithm ay naglalaro sa pamamagitan ng mga itinakdang patakaran, maaari silang "malinlang" sa pamamagitan ng pagkabagot at nai render na hindi kapaki pakinabang sa pamamagitan ng pagdulas. Halimbawa, ang isang maliit na altcoin ay maaaring tumalon ng ilang porsyento, pataas man o pababa, sa ilang segundo. Ang isang algorithm ay maaaring makita ang presyo na tumama sa limitasyon sell order at trigger liquidation, sa kabila ng presyo lamang paglukso pabalik pataas sa nakaraang presyo o mas mataas.

Pagsira sa sarili
Sa hypothetical na pangyayari ng isang matalinong AI na nag uuri sa pamamagitan ng lahat ng magagamit na data, tinutukoy ang pinakamahusay na posibleng mga algorithm ng kalakalan, inilalagay ang mga ito sa pagsasanay, at umaangkop sa mga pangyayari, ang maraming mga naturang AI's ay puksain ang kanilang sariling mga diskarte sa kalakalan. Halimbawa: sabihin 1 milyon ng mga AI na ito ay umiiral (talagang, maraming mas maraming mga tao kaysa sa ito ay gagamitin ito kung ito ay naging magagamit para sa pagbili). Ang lahat ng mga AI ay agad na matutuklasan ang pinakamahusay na algorithm at magsisimulang mag trade dito. Kung nangyari ito, ang resultang

pagdagsa ng dami ay magiging walang silbi ang diskarte. Ang parehong senaryo ay nangyayari ngayon, maliban kung wala ang AI. Ang mga tunay na mahusay na diskarte sa kalakalan ay malamang na matuklasan ng maraming tao, pagkatapos ay ginagamit at ibinahagi hanggang sa hindi na sila kumikita o kasing pakinabang ng dati. Sa ganitong paraan, talagang ang mga mahusay na estratehiya at algorithm ay hadlang sa kanilang sariling pag unlad.

Kaya, iyon ang mga hamon na pumipigil sa algorithmic trading mula sa pagiging isang perpekto, 4 na oras na workweek, tropikal na bakasyon na nakakahimok, pag print ng pera machine. Iyon ay sinabi, ang mga algorithm ay tiyak na maaari pa ring maging kapaki pakinabang. Maraming malalaking kumpanya at kumpanya ang nagbabase sa kanilang negosyo na tanging off profitable trading algorithm. Kaya, habang ang mga bot ng kalakalan ay hindi dapat isipin bilang madaling pera, dapat itong ituring bilang isang disiplina na maaaring mastered kung sapat na oras at pagsisikap ay ibinigay. Narito ang ilang mga highlight ng algorithmic trading at kung paano ka makapagsimula:

Backtesting

Dahil ang mga algorithm ay kumuha ng isang tiyak na input at tumugon nang naaayon, ang mga mangangalakal ng algo ay maaaring mag backtest ng kanilang mga algorithm laban sa makasaysayang data.

Halimbawa, ang pagpunta sa mga naunang halimbawa, kung nais ng Trader X na gumawa ng isang algorithm na nag trade sa mga crossover ng EMA, maaaring subukan ng Trader X ang algorithm sa pamamagitan ng pagpapatakbo nito sa bawat solong taon na ang buong merkado ay umiiral. Ang mga pagbabalik ay pagkatapos ay i plot, at sa pamamagitan ng split testing Trader X ay maaaring dumating up sa isang formula na ay makasaysayang napatunayan na gumana nang walang kailanman aktwal na paglalagay ng pera sa talahanayan. Sa ganitong paraan, maaari mong subukan ang iyong sariling mga algorithm at maglaro sa paligid ng iba't ibang mga variable upang makita kung paano nakakaapekto ang mga ito sa pangkalahatang mga return. Upang mag eksperimento sa paglikha at paggamit ng isang algorithm ng kalakalan, tingnan ang mga website na ito:

Kontrol sa Panganib

Ang backtesting ay isang mahusay na paraan upang mapagaan ang panganib. Ang pinakamahusay na alternatibo ay sa pamamagitan ng disiplinado at sinaliksik na paggamit ng stop losses at trailing stop losses. Ang parehong mga tool na ito ay elaborated sa seksyon ng pamamahala ng panganib.

Ang pagiging simple

Maraming mga tao ang may mga konsepto ng algorithm trading na nangangailangan ng kumplikado, multi layered, code na nagsasangkot ng maramihang, kung hindi isang dosenang o higit pa, mga tagapagpahiwatig, pattern, o oscillator. Habang ang mga hindi kilalang tao ay hindi maaaring accounted para sa, karamihan sa mga matagumpay na algorithm na ginagamit ng mga propesyonal at hindi propesyonal ay nakakagulat na hindi kumplikado. Karamihan ay nagsasangkot ng isang tagapagpahiwatig, o marahil ang kumbinasyon ng dalawa. Iminumungkahi ko na sundin mo ang itinakdang rutang ito kung papasok ka sa algorithmic trading, ngunit, kung matutuklasan mo ang isang napakakumplikado at mas mataas na algorithm, ako ang unang mag-sign up!

*Credit: Aklat, Crypto Technical Analysis

Paano makakaapekto ang bitcoin sa hinaharap

Ang Bitcoin ang unang matagumpay na malakihang kaso ng paggamit ng blockchain; ang tanong kung paano makakaapekto ang blockchain sa hinaharap ay isang mas malaking tanong kaysa sa na ng tanging Bitcoin ng potensyal na epekto, karamihan sa kung saan ay dati nang sakop. Narito ang mga patlang kung saan blockchain (at sa pamamagitan ng extension, Bitcoin) ay magkakaroon o ay pagkakaroon ng isang pangunahing epekto:

- Pamamahala ng supply chain.
- Pamamahala ng logistik.
- Secure na pamamahala ng data.
- Mga pagbabayad sa cross border at paraan ng transaksyon.
- Pagsubaybay sa royalty ng artist.
- Secure na pag iimbak at pagbabahagi ng medikal na data.
- Mga marketplace ng NFT.
- Mga mekanismo ng pagboto at seguridad.
- Mapapatunayang pagmamay ari ng real estate.
- Pamilihan ng Real Estate.
- Invoice reconciliation at paglutas ng hindi pagkakaunawaan.

- Pag-tiket.

- Mga garantiya sa pananalapi.

- Mga pagsisikap sa pagbawi ng kalamidad.

- Pagkonekta ng mga supplier at distributor.

- Pinagmulan ng pagsubaybay.

- Pagboto ng proxy.

- Cryptocurrency.

- Patunay ng seguro / Mga patakaran sa seguro.

- Mga talaan ng kalusugan / Personal na data.

- Access sa kapital.

- Desentralisadong Pananalapi

- Digital Kilalanin

- Proseso / Kahusayan sa Logistik

- Pag verify ng data

- Pagproseso ng mga claim (insurance).

- Proteksyon ng IP.

- Digitization ng mga ari arian at mga instrumentong pinansyal.

- Pagbabawas ng katiwalian sa pananalapi ng pamahalaan.

- Online na paglalaro.

- Mga sindikatong pautang.

- At marami pa!

Bitcoin ba ang future ng pera

Ang tanong kung ang Bitcoin mismo ang "hinaharap ng pera" ay haka-haka; ang tunay na tanong ay kung ang teknolohiya sa likod ng bitcoin at ang mga sistema na hinihikayat ng Bitcoin ay ang hinaharap ng pera. Kung gayon, ang pamumuhunan sa cryptocurrency sa kabuuan, pati na rin ang Bitcoin (bagaman ang potensyal na paglago sa % sa Bitcoin ay limitado na may kaugnayan sa mas maliit na barya na ibinigay ang dami ng pera na nasa loob nito) ay isang napakahusay na taya.

Ang pangunahing teknolohiya fueling Bitcoin ay blockchain, at ang pangkalahatang sistema Bitcoin hinihikayat ay na ng desentralisasyon. Ang parehong mga patlang ay sumasabog sa buong isang napakaraming mga lumalawak na mga kaso ng paggamit at ang bawat isa ay may potensyal na makaapekto sa bawat aspeto ng buhay, mula sa mga pagbabayad sa trabaho hanggang sa pagboto. Upang quote Capgemini Engineering, "ito [blockchain] nagpapabuti sa kaligtasan at seguridad makabuluhang sa pananalapi, healthcare, supply chain, software, at pamahalaan sektor." Ang mga kumpanya na gumagamit ng teknolohiya ng blockchain ay kinabibilangan ng amazon (sa pamamagitan ng AWS), BMW (sa logistik), Citigroup (sa pananalapi), Facebook (sa pamamagitan ng paglikha ng sarili nitong cryptocurrency), General Electric (supply chain), Google (kasama ang

BigQuery), IBM, JPmorgan, Microsoft, Mastercard, Nasdaq, Nestlé, Samsung, Square, Tenent, T-Mobile, United Nations, Vanguard, Walmart, at marami pa.[31] Ang pinalawak na mga kliyente at mga produkto na pinalakas ng o nakasentro sa paligid ng blockchain ay hudyat ng pagpapatuloy ng blockchain sa isang pangunahing aspeto ng internet at offline na serbisyo. Sa lahat ng ito sa isip, Bitcoin ay hindi limitado sa pagkakaroon ng isang epekto sa loob cryptocurrencies, sa halip, maaari at malamang na ito ay usher sa isang panahon ng blockchain. Sa mga tuntunin ng Bitcoin na ang hinaharap ng pera at pagbabayad, ang mahalagang tanong ay kung paano tumugon ang mga pamahalaan sa banta ng Bitcoin at cryptocurrencies. Ang ilan, tulad ng China, ay maaaring bumuo ng kanilang sariling mga digital na pera. Ang ilan, tulad ng El Salvador, ay maaaring gumawa ng Bitcoin legal na malambot. Ang iba pa ay maaaring huwag pansinin cryptocurrencies, o ipagbawal ang mga ito. Sa anumang paraan ng mga pamahalaan reaksyon, ang katotohanan na sila ay mapipilitang mag react ay nangangahulugan na ang Bitcoin ay ang punong barko na, sa isang paraan o iba pa, ay ganap na baguhin ang pinansiyal na landscape ng mundo sa pamamagitan ng matagumpay na application ng mga digital at blockchain driven asset.

---

[31] Batay sa pananaliksik ng Forbes.

Ilan ba ang bitcoin billionaires

Mahirap malaman kung gaano karaming mga bilyonaryo ang umiiral sa espasyo ng crypto o kahit na sa loob lamang ng crypto network dahil ang mga holdings ay madalas na nahahati sa maraming mga account. Gayunpaman, hindi kasama ang mga palitan, mayroong dalawampung mga address ng Bitcoin na may hawak na katumbas ng 1 bilyon o higit pa, at walumpung mga address ng Bitcoin na may hawak na katumbas ng 500 milyon o higit pa.[32] Ang bilang na ito ay maaaring madaling fluctuate, dahil marami sa mga wallets nagkakahalaga ng $ 500 milyon sa $ 1 bilyon ay maaaring tumaas nakaraang $ 1 bilyon sa pagkakahanay sa Bitcoin fluctuation, at tulad ng nabanggit, may hawak na nagbenta ng Bitcoin o split ang kanilang mga hawak halaga maramihang mga wallets ay hindi kasama. Iyon ay sinabi, ligtas na sabihin na hindi bababa sa dalawang dosenang mga account, at hindi bababa sa 1 dosenang mga tao, ay gumawa ng higit sa $ 1 bilyong dolyar sa pamamagitan ng pamumuhunan sa Bitcoin. Dose dosenang higit pa ang gumawa ng daan daang milyon o bilyon sa pamamagitan ng pamumuhunan sa iba pang mga cryptocurrencies.

---

[32] "Nangungunang 100 Pinakamayamang Bitcoin Address at ...."
https://bitinfocharts.com/top-100-richest-bitcoin-addresses.html.

Mayroon bang mga lihim na bilyonaryo ng Bitcoin

Si Satoshi Nakamoto ay ang pangunahing halimbawa ng isang lihim at hindi nagpapakilalang bilyonaryo ng Bitcoin. Sa tanong sa itaas (kung gaano karaming mga tao ay Bitcoin bilyonaryo?), dumating kami sa konklusyon na hindi bababa sa 1 dosenang mga tao ay gumawa ng isang bilyong dolyar sa pamamagitan ng pamumuhunan sa Bitcoin. Given ang bilang na ito, at ang katunayan na ang bilang ng mga popular na Bitcoin billionaires ay maaaring mabilang sa isang kamay (indibidwal na mga tao, hindi kasama ang mga korporasyon), ito ay ipinapalagay na ang ilang mga may hawak ng Bitcoin sa buong mundo ay bitcoin billionaires na nanatili sa labas ng limelight. Sa pag iisip na iyon, maaari mong, sa ilang mga punto, ay pagpunta tungkol sa iyong araw at crossed landas sa isang lihim na Bitcoin bilyonaryo.

Aabot ba ang bitcoin sa mainstream adoption

Ito ay isang kagiliw giliw na tanong. Sa kasalukuyan, sa paligid ng 1% ng mundo ay gumagamit ng Bitcoin, bagaman ito deviates ang lahat ng paraan sa 20% sa mga lugar tulad ng Amerika, at pababa sa 0% sa iba pang mga bahagi ng mundo. Para sa isang cryptocurrency upang maabot ang mainstream at mass adoption, dapat itong maglingkod sa ilang uri ng utility. Karaniwan, ang mga cryptocurrencies ay may utility bilang isang tindahan ng halaga; isang paraan ng transacting, o bilang isang balangkas upang bumuo ng mga network at desentralisadong organisasyon. Ang Bitcoin ay sa pamamagitan ng malayo ang pinakamalaking at ang pinakamahalagang cryptocurrency, ngunit hindi ito talagang ang pinakamahusay na cryptocurrency sa alinman sa mga kategoryang iyon. Kaya, habang ang Bitcoin ay Bitcoin (katulad ng kung paano ka maaaring bumili ng isang mas murang relo kaysa sa isang Rolex na mas mahusay na magkasya at mukhang mas maganda, ngunit pupunta ka pa rin sa Rolex) at ang tatak ng Bitcoin ay may at dadalhin ito sa malayo, malamang na hindi ito ang permanenteng lider sa mga cryptocurrencies sa mundo. Iyon ay sinabi, ibinigay ang equity at scale ng tatak nito, maaaring tiyak na maabot nito ang masa at mainstream na pag aampon, na ibinigay ang kasalukuyang mga trend ng paggamit at mga kaso ng paggamit sa espasyo ng cryptocurrency.

Makakakuha ba ang Bitcoin na kinuha sa pamamagitan ng iba pang mga cryptocurrencies

I'll refer to the above question sa pagsagot dito. Bitcoin, habang napakalaking sa scale at tatak, ay hindi aktwal na ang pinakamahusay sa anumang bagay sa crypto space. Hindi ito ang pinakamahusay na tindahan ng halaga, hindi ito ang pinakamahusay para sa pagpapadala at pagtanggap ng pera, at hindi ito ang pinakamahusay bilang isang balangkas at network para sa mga gumagamit ng crypto upang mapatakbo at bumuo sa. Kaya, sa panandalian, ibinigay ang purong tatak ng Bitcoin at ang kanyang kahila hilakbot na $ 1 trilyon market cap, ito ay malamang na hindi makakuha ng kinuha. Gayunpaman, sa loob ng mga dekada o siglo, ito ay higit pa sa malamang na makakuha ng pumasa sa pamamagitan ng iba pang mga cryptocurrencies bilang ang halaga na fuels ito disintegrates.

Maaari bang magbago ang Bitcoin mula sa PoW

Oo, ang Bitcoin ay maaaring tiyak na magbago mula sa isang sistema ng PoW (patunay ng trabaho). Nagsimula ang Ethereum sa PoW at inaasahang lumipat sa PoS (patunay ng stake) sa huli 2021. Ang switch ay mag render ng Ethereum mas kaunting enerhiya intensive at mas scalable. Ang isang paglipat tulad nito ay tiyak na posible para sa Bitcoin at maraming isaalang alang ang isang paglipat ang layo mula sa PoW hindi maiiwasan.

Ang Bitcoin ba ang unang cryptocurrency?

Ang nakasisirang Bitcoin white paper ni Satoshi Nakamoto ay inilabas noong 2008, at ang Bitcoin mismo ay inilabas noong 2009. Ang mga pangyayaring ito ay kilala bilang una sa kani-kanilang uri; Ito ay bahagyang totoo lamang.

Sa huli 1980's, isang grupo ng mga developer sa Netherlands tinangka upang i link ang pera sa mga card upang maiwasan ang laganap na cash thievery. Ginamit ng mga truck driver ang mga card na ito sa halip na cash; Ito marahil ang unang halimbawa ng electronic cash.

Sa paligid ng parehong oras bilang eksperimento sa Netherland, ang Amerikanong cryptographer na si David Chaum ay nag konsepto ng isang nalililipat at pribadong pera na nakabatay sa token. Binuo niya ang kanyang "blinding formula" upang magamit sa pag encrypt, at itinatag ang kumpanya ng DigiCash, na nagpunta tiyan sa 1988.

Noong 1990s, maraming kumpanya ang nagtangkang magtagumpay kung saan hindi pa nagtagumpay ang DigiCash; ang pinakasikat dito ay ang PayPal ni Elon Musk. Ipinakilala PayPal ang madaling pagbabayad ng P2P online at nabuo ang paglikha ng isang kumpanya na tinatawag na e ginto, na nag aalok ng online credit kapalit ng mga mahalagang medalya (ang e ginto ay kalaunan ay isinara ng gobyerno). Dagdag pa, noong 1991, inilarawan ng mga mananaliksik na sina Stuart Haber at W. Scoot Stornetta ang teknolohiya ng blockchain. Makalipas ang ilang taon, noong 1997, ang proyekto ng Hashcash ay gumamit ng isang proof of work algorithm upang makabuo at mamahagi ng mga bagong barya, at maraming mga tampok ang natapos sa protocol ng Bitcoin. Pagkaraan ng isang taon, ipinakilala ng developer na si Wei Dai (kung kanino ang pinakamaliit na denominasyon ni Ether, isang Wei, ay pinangalanan) ang ideya ng isang "anonymous, distributed electronic cash system" na tinatawag na B-pera. Ang B-money ay naglalayong magbigay ng desentralisadong network kung saan maaaring magpadala at tumanggap ng pera ang mga gumagamit; Sa kasamaang palad, hindi ito kailanman bumaba sa lupa. Hindi nagtagal kasunod ng whitepaper ng B pera, inilunsad ni Nick Szabo ang isang proyekto na tinatawag na Bit Gold, na nagpapatakbo sa isang buong sistema ng PoW (patunay ng trabaho). Bit ginto, sa katunayan, ay medyo katulad ng Bitcoin. Lahat ng proyektong ito at dose-dosenang iba pa ay humantong sa Bitcoin; para sa kadahilanang ito, hindi maaaring sabihin na ang Bitcoin ay ang tunay na unang sa marami sa mga konsepto at teknolohiya na nagpapatakbo nito. Iyon ay sinabi, Bitcoin ay ganap at walang alinlangan ang unang malakihang tagumpay ng lahat ng mga teknolohiya na kapangyarihan ito; bawat solong kumpanya at proyekto bago Bitcoin ay nabigo, ngunit Bitcoin ascended lampas sa natitirang bahagi at instigated isang napakalaking global shift patungo sa mga teknolohiya at konsepto na binuo nito.

Ay at maaari Bitcoin kailanman ay higit pa sa isang Alternatibo sa Gold

Bitcoin na ay "higit pa" kaysa sa isang alternatibo sa ginto; Ito kapangyarihan at nagbibigay daan sa isang global transactional network na may higit na mas mababa alitan kaysa sa ginto. Gayunpaman, ang Bitcoin ay mas comparative sa ginto sa katotohanan na ang parehong ay naisip bilang mga tindahan ng halaga at isang paraan ng transaksyon. Kaugnay nito, ang Bitcoin ay marahil ay hindi kailanman magiging higit pa sa isang alternatibo sa ginto, dahil ang alternatibo sa loob ng cryptocurrency ay nagiging isang teknolohiya at platform tulad ng Ethereum, na nagbibigay daan sa mga gumagamit na leverage ang wika ng programming nito, na tinatawag na solidity, upang lumikha ng dApps. Bitcoin lamang ay hindi sinadya upang gawin ang anumang bagay tulad na, at habang ito ay tiyak na may higit pang mga utility kaysa sa ginto, ito ay medyo uri casted sa papel na ginagampanan ng pagiging isang "digital na ginto."

Ano ang Latency ng Bitcoin, at Mahalaga ba ito

Ang latency ay ang pagkaantala sa pagitan ng oras ng pagsusumite ng isang transaksyon at ng oras kung kailan kinikilala ng network ang transaksyon; basically, latency ang lag. Ang latency ng Bitcoin ay napakataas sa pamamagitan ng disenyo (na may kaugnayan sa 5-10 segundo ng broadcast TV) upang makabuo ng isang bagong bloke bawat sampung minuto. Ang pagbaba ng latency ay mahalagang mangangailangan ng mas kaunting trabaho upang i verify ang mga bloke, na napupunta laban sa ethos ng PoW. Para sa kadahilanang ito, ang latency ng Bitcoin ay hindi dapat ibaba. Iyon ay sinabi, ang kalakalan ng latency ay isang isyu para sa mga palitan at mangangalakal sa mga palitan (lalo na ang mga negosyante ng arbitrage); bilang HFT (high frequency trading) at algorithmic trading gumagalaw sa cryptocurrency market, latency ay gaganapin pagtaas kahalagahan.

Median Confirmation Time
6.7 min

	16.8 min
	10.0 min
	5.3 min
	2.8 min
	1.5 min

---

[33] Pinagmulan: blockchain.com

Ano ang ilang mga teorya ng pagsasabwatan ng Bitcoin

Ang Bitcoin (at lalo na si Satoshi Nakamoto) ay isang hinog na kapaligiran para sa mga teorya ng pagsasabwatan; para lang masaya, silipin natin ang ilan. Isaalang alang ang mga sumusunod na ganap na kathang isip, tulad ng karamihan sa mga teorya ng pagsasabwatan, at walang kapani paniwala:

1. *Ang Bitcoin ay maaaring nilikha ng NSA o isa pang ahensya ng katalinuhan ng US.* Ito marahil ang pinakalaganap na pagsasabwatan ng Bitcoin; ito asserts na bitcoin ay nilikha sa pamamagitan ng US pamahalaan, at na ito ay hindi bilang pribado bilang sa tingin namin. Sa halip, ang NSA ay tila may backdoor access sa SHA-256 algorithm at gumagamit ng gayong access upang maniktik sa mga gumagamit.

2. *Bitcoin ay maaaring maging isang AI.* Ang teoryang ito ay nagsasaad na ang Bitcoin ay isang AI na gumagamit ng pang ekonomiyang motibo nito upang incentivize ang mga gumagamit upang mapalago ang network nito. May mga naniniwala na isang ahensya ng gobyerno ang lumikha ng AI.

3. *Ang Bitcoin ay maaaring nilikha ng apat na pangunahing kumpanya ng Asya.* Ang teoryang ito ay ganap na batay sa

ang katunayan na ang "sa" sa Samsung, ang "toshi" mula sa Toshiba, ang "naka" mula sa Nakamichi, at ang "moto" mula sa Motorola, sa kumbinasyon, ay bumubuo ng pangalan ng mahiwagang tagapagtatag ng Bitcoin, Satoshi Nakamoto. Medyo matibay na katibayan para sa isang ito.

Bakit kadalasan karamihan sa ibang coins ay sumusunod sa bitcoin

Ang Bitcoin ay mahalagang ang reserbang pera para sa cryptocurrencies, o katulad ng Dow at S&P para sa stock market. Tungkol sa 50% ng halaga sa cryptocurrency market ay namamalagi lamang sa Bitcoin, at ang Bitcoin ay ang pinaka ginagamit at pinakamahusay na kilala cryptocurrency sa mundo. Para sa mga kadahilanang ito, ang mga pares ng kalakalan ng Bitcoin ay ang pinaka ginagamit na pares upang bumili ng Altcoins na may, na nagtatali sa halaga ng lahat ng iba pang mga cryptocurrencies sa Bitcoin. Bitcoin pagpunta down na mga resulta sa mas kaunting pera na inilagay sa Altcoins, habang Bitcoin napupunta up resulta sa mas maraming pera na inilagay sa Altcoins. Para sa mga kadahilanang ito, karamihan (hindi lahat) barya madalas (hindi palaging) sundin ang pangkalahatang bullish / bearish trend ng Bitcoin.

Ano po ba ang Bitcoin Cash

Tulad ng nabanggit na una, ang Bitcoin ay may problema sa scale: ang network ay hindi lamang sapat na mabilis upang mahawakan ang malaking halaga ng mga transaksyon na naroroon sa isang pandaigdigang sitwasyon ng pag aampon. Sa liwanag ng ito, isang kolektibong ng Bitcoin minero at developer pinasimulan ang isang hard tinidor ng Bitcoin sa 2017. Ang bagong pera, na tinatawag na Bitcoin Cash (BCH), upped ang laki ng block (sa 32MB sa 2018), samakatuwid ay nagpapahintulot sa network na iproseso ang higit pang mga transaksyon kaysa sa Bitcoin, at mas mabilis. Habang BCH ay hindi nakatakda upang palitan o dumating malapit sa pagpapalit ng Bitcoin, ito ay isang alternatibo na malutas ang isang pangunahing problema, at ang tanong kung paano ang orihinal na Bitcoin ay pumunta tungkol sa paglutas ng parehong problema ay nananatiling upang malutas.

34

Paano kikilos ang Bitcoin sa panahon ng recession

Ang Bitcoin ay may malaking pagkakataon na gumanap nang maayos sa panahon ng recession, bagama't hindi ito isang mapagpasyang sagot; Ang Bitcoin ay lumitaw sa krisis sa pabahay ng 2008 ngunit hindi pa nakakaranas ng anumang napapanatiling at pangunahing pagbagsak ng ekonomiya mula noon (hindi binibilang ang COVID). Sa maraming paraan, ang Bitcoin ay nagsisilbing isang digital na katumbas ng ginto, at ang ginto ay makasaysayang gumanap nang maayos sa panahon ng mga recessions (kapansin pansin, mula 2007 hanggang 2012), at ang kakulangan at desentralisadong kalikasan ng Bitcoin ay maaaring mag render ito ng isang ligtas na haven investment sa panahon ng isang recession, isa na hindi sasailalim sa kontrol ng mga pamahalaan sa mga fiat currency at ang inflationary monetary system ng mundo. Dapat ding tandaan na ang Bitcoin ay makasaysayang tumaas sa panahon ng mas maliit na krisis sa sukat: Brexit, ang Kongreso ng Krisis ng 2013, at COVID. Kaya, tulad ng dati asserted, Bitcoin marahil ay gumanap na rin sa panahon ng isang recession (maliban kung ang isang recession ay makakakuha ng kaya masama na ang mga tao lamang ay walang pera upang mamuhunan, kung saan ang Bitcoin, pati na rin ang lahat ng mga asset, ay may maliit na pagkakataon ng nakakaranas ng anumang bagay maliban sa pula).

Alinman sa mga paraan, sa kaso ng isang recession, karamihan sa mga cryptocurrencies maliban sa Bitcoin (lalo na mas maliit na altcoins) ay tiyak na makaranas ng napakalaking pagkalugi; karamihan ay praktikal na mabubura sa mapa. Ang ganitong senaryo ay magiging isang napakalaking kaganapan sa filter para sa altcoins, na napaka malusog para sa pangkalahatang merkado.

Mabubuhay ba ang Bitcoin sa katagalan

Ano ang dapat isaalang alang ay sa kung ano ang lawak Bitcoin ay mabubuhay sa katagalan; at hanggang anong antas lalago ang pag-ampon at paggamit. Hindi alintana, Bitcoin ay umiiral sa ilang mga scale para sa susunod na ilang dekada; ang mga pagkakataon ng mga ito pangmatagalang sa scale para sa susunod na ilang siglo ay improbable ibinigay mas bagong kumpetisyon at Bitcoin alternatibo. Pa rin, ito ay tiyak na maaaring manatili ang nangungunang cryptocurrency hangga't cryptocurrencies ay sa paligid (lalo na kung ang mga upgrade, tulad ng lighting network, ay ipinatupad); Ang naunang probabilidad ay batay sa katotohanan na ang una sa uri nito ay hindi karaniwang ang pinakamahusay sa uri nito, at karamihan sa mga pera sa buong kasaysayan ay hindi tumatagal (sa scale) para sa anumang makabuluhang bahagi ng oras.

Ano po ang end goal ng bitcoin at cryptos

Ang end vision ng cryptocurrency ay nakakamit ang mga sumusunod:

1. Para sa Bitcoin partikular, upang paganahin ang mga gumagamit upang magpadala ng pera sa internet sa isang secure na fashion nang hindi umaasa sa isang sentral na institusyon, sa halip umaasa sa cryptographic patunay.

2. Alisin ang pangangailangan ng mga tagapamagitan at bawasan ang alitan sa mga supply chain, bangko, real estate, batas, at iba pang mga larangan.

3. Alisin ang mga panganib na nahaharap sa inflationary, wild-west (sa mga tuntunin ng kontrol ng pamahalaan dahil ang mga pera ng fiat ay inalis sa pamantayan ng ginto) na kapaligiran ng mga pera ng fiat.

4. Paganahin ang ganap na ligtas na kontrol sa mga personal na ari arian nang hindi umaasa sa mga institusyon ng third party.

5. Paganahin ang mga solusyon sa blockchain sa mga larangan ng medikal, logistical, pagboto, at pananalapi, bilang karagdagan sa kung saan pa ang mga naturang solusyon ay maaaring mag aplay.

Masyado bang mahal ang bitcoin para gamitin bilang cryptocurrency

Ang ganap na presyo ay higit sa lahat ay walang kaugnayan para sa mga cryptocurrencies (pati na rin para sa mga stock, tulad ng isinulat ko tungkol sa iba pang mga libro). Habang ang sagot na ito ay nasaklaw sa ibang lugar sa mga patakaran sa kalakalan, kukunin ko na i recap ang kaugnay na seksyon sa ibaba:

Given na ang supply at paunang presyo ay maaaring parehong itakda / baguhin, presyo mismo ay higit sa lahat walang kaugnayan nang walang konteksto. Dahil ang Binance Coin (BNB) ay nasa $500 at ang Ripple (XRP) ay nasa $1.80 ay hindi nangangahulugang ang XRP ay nagkakahalaga ng 277x ang halaga ng BNB; Ang dalawang barya ay kasalukuyang nasa loob ng 10% ng market cap ng bawat isa. Kapag ang isang cryptocurrency ay unang nilikha, ang supply ay itinakda ng koponan sa likod ng asset. Maaaring piliin ng koponan na lumikha ng 1 trilyong barya, o 10 milyon. Sa pagtingin sa XRP at BNB, makikita natin na ang Ripple ay humigit kumulang na 45 bilyong barya sa sirkulasyon, at ang Binance Coin ay may 150 milyon. Sa ganitong paraan, ang presyo ay hindi talaga mahalaga. Ang isang barya sa $0.0003 ay maaaring nagkakahalaga ng higit sa isang barya sa $10,000 sa mga tuntunin ng market cap, circulating supply, dami, mga gumagamit, utility, atbp. Presyo bagay kahit na mas mababa dahil sa pagdating ng fractional namamahagi, na hinahayaan mamumuhunan mamuhunan ng anumang halaga ng pera sa isang barya o token anuman ang presyo. Ang tanging pangunahing epekto ng presyo ay namamalagi sa sikolohikal na epekto, na dapat suriin habang nakikipagkalakalan sa Bitcoin at altcoins.

Gaano ba kapopular ang bitcoin

Hindi bababa sa 1.3% ng mundo ang kasalukuyang nagmamay ari ng Bitcoin, na, factoring sa kalahating bilyong Bitcoin address sa pagkakaroon, ginagawang medyo popular. Kabilang sa bilang na ito ang 46 milyong Amerikano, na 14% ng populus at 21% ng mga matatanda,[35] habang ang isa pang pag aaral ay natagpuan na ang 5% ng mga Europeo ay may hawak na Bitcoin.[36] Gayunpaman, mas

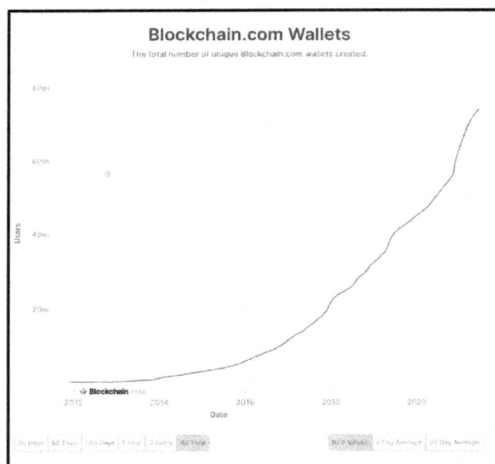

Blockchain.com Wallets
The total number of unique blockchain.com wallets created.

kapansin pansin ang exponential rate ng pagtaas. Wala pang isang milyong Bitcoin wallets ang umiiral sa 2014, na kumakatawan sa isang

---

[35] "Estadistika ng Demograpiko ng Estados Unidos ...."
https://www.infoplease.com/us/census/demographic-statistics.

[36] "• Chart: Gaano karaming mga Consumer ang May Sariling Cryptocurrency? | Statista." 20 Ago. 2018, https://www.statista.com/chart/15137/how-many-consumers-own-cryptocurrency/.

75x na pagtaas mula noon, at isang rate ng paglago ng 10x (1,000%)
bawat   taon.
[37]Ang gayong mga uso ay nagpapakita ng walang palatandaan ng
pagtigil up, at paglago, kung mayroon man, ay lamang picking up.
Kaya, buod, ang Bitcoin ay kapansin pansin na popular at malamang
na maabot ang tipping-point ng mass adoption sa susunod na ilang
dekada.

---

[37] "Blockchain.com." https://www.blockchain.com/. Na access noong 9 Hunyo.
2021.

Mga Aklat

- Mastering Bitcoin – Andreas M. Antonopoulos

- Ang Internet ng Pera - Andreas M. Antonopoulos

- Ang Bitcoin Standard – Saifedean Ammous

- Ang Edad ng Cryptocurrency – Paul Vigna

- Digital Gold – Nathaniel Popper

- Bitcoin Billionaires – Ben Mezrich

- Ang Mga Pangunahing Kaalaman ng Bitcoins at

Blockchains – Antony Lewis

- Blockchain Revolution – Don Tapscott

- Cryptoassets - Chris Burniske at Jack Tatar

- Ang Panahon ng Cryptocurrency - Paul Vigna at Michael J.

Casey

Mga Palitan

- Binance - binance.com (binance.us para sa mga residente ng US)
- Coinbase – coinbase.com
- Kraken – kraken.com
- Crypto – crypto.com
- Gemini – gemini.com
- eToro – etoro.com

Mga Podcast

- Ano ang Ginawa ng Bitcoin ni Peter McCormack (Bitcoin)

- Mga Kwentong Walang Kwenta (mga naunang kwento)

- Unchained ni Laura Shin (mga panayam)

- Baselayer ni David Nage (mga talakayan)

- Ang Breakdown ni Nathaniel Whittemore (maikli)

- Crypto Campfire Podcast (relaxed)

- Ivan sa Tech (mga update)

- HASHR8 ni Whit Gibbs (teknikal)

- Mga Hindi Kwalipikadong Opinyon ni Ryan Selkis (mga panayam)

Mga Serbisyo sa Balita

- CoinDesk – coindesk.com

- CoinTelegraph – cointelegraph.com

- TodayOnChain – todayonchain.com

- NewsBTC – newsbtc.com

- Bitcoin Magazine – bitcoinmagazine.com

- Crypto Slate – cryptoslate.com

- Bitcoin.com – news.bitcoin.com

- Blockonomi – blockonomi

Mga Serbisyo sa Pag Charting

- TradingView – tradingview.com
- CryptoView – cryptoview.com
- Altrady – Altrady.com
- Coinigy – Coinigry.com
- Coin Trader - Cointrader.pro
- CryptoWatch – Cryptowat.ch

Mga Channel sa YouTube

- Benjamin Cowen

  Hatps://vv.youtube.com/channel/ukrvak-ux-w0soig

- Kanto ng Opisina

  Hatps://vv.youtube.com/c/koinbureyu

- Mga forfly

  https://www.youtube.com/c/Forflies

- DataDash

  Hatps://vv.youtube.com/c/datadash

- Sheldon Evans

  Hatps://vv.youtube.com/c/sheldonevan

- Anthony Pompliano

  Hatps://vv.youtube.com/channel/usevspell8knynav-nakz4m2w

- Aimstone

  https://www.youtube.com/channel/UC7S9sRXUBrtF0nKTv LY3fwg/abou t

- Lark Davis

  Hatps://vv.youtube.com/channel/ucl2okaw8hdar_kbkidd2kal ia

- Altcoin Daily

  https://www.youtube.com/channel/UCbLhGKVY-

bJPcawebgtNfbw

www.ingramcontent.com/pod-product-compliance
Lightning Source LLC
Chambersburg PA
CBHW071607210326
41597CB00019B/3431